《电子电路教程》
学习指导与习题解析

主编 牛丹 副主编 仰燕兰

主审 刘京南

东南大学出版社
SOUTHEAST UNIVERSITY PRESS
·南京·

图书在版编目(CIP)数据

《电子电路教程》学习指导与习题解析 / 牛丹主编.
南京：东南大学出版社，2024.12. -- ISBN 978-7
-5766-1790-0

Ⅰ．TN7

中国国家版本馆 CIP 数据核字第 2024VA4884 号

责任编辑：夏莉莉　　责任校对：咸玉芳　　封面设计：顾晓阳　　责任印制：周荣虎

《电子电路教程》学习指导与习题解析
《Dianzi Dianlu Jiaocheng》Xuexi Zhidao yu Xiti Jiexi

主　　编	牛　丹
出版发行	东南大学出版社
出 版 人	白云飞
社　　址	南京市四牌楼 2 号　邮编：210096
网　　址	http://www.seupress.com
经　　销	全国各地新华书店
印　　刷	广东虎彩云印刷有限公司
开　　本	787 mm×1092 mm　1/16
印　　张	11.5
字　　数	250 千字
版　　次	2024 年 12 月第 1 版
印　　次	2024 年 12 月第 1 次印刷
书　　号	ISBN 978-7-5766-1790-0
定　　价	36.00 元

(本社图书若有印装质量问题，请直接与营销部联系。电话：025-83791830)

前言
PREFACE

  本书系配合东南大学刘京南教授主编的《电子电路教程》教材而编写的学习指导用书，亦可用作类似课程的教学参考资料。

  电子电路基础课程概念性强，分析方法及涉及的器件与电路类型复杂多样，加之课堂授课学时有限，初学者常感学好此课程颇具挑战性，即便在课堂上理解了授课内容，课后对习题亦常感茫然无措，不知从何分析、怎样求解。而自学者在缺乏有效辅导时更是无从下手，即便完成习题亦难判断答案正误。有鉴于此，编者凭借多年教学经验，悉心编写了这本学习指导书。

  本书结构明晰。首先归纳各章知识要点，为读者提供解题所需的预习要求。其次，紧密依托教材，对每道习题深入剖析，不仅呈现完整的求解过程，更注重解题思路与方法技巧的灵活应用，切实帮助学生提高分析和解决问题的能力。

  本书在编写过程中，刘京南教授及诸多教师与研究生给予了大力支持与帮助，夏莉莉编辑为本书出版做了大量电路图绘制、运算过程校对及计算结果核准工作，编者在此深表感激。因编者能力与时间局限，书中难免仍存瑕疵，敬请广大读者批评指正。

编者

2024 年 12 月

目录

第1章 集成运算放大器及负反馈 ··· 001
1.1 内容归纳 ··· 001
1.2 习题详解 ··· 002

第2章 半导体二极管及其应用 ··· 017
2.1 内容归纳 ··· 017
2.2 习题详解 ··· 018

第3章 半导体三极管及其应用 ··· 030
3.1 内容归纳 ··· 030
3.2 典型例题 ··· 031
3.3 习题详解 ··· 035

第4章 场效应管及其应用 ·· 052
4.1 内容归纳 ··· 052
4.2 典型例题 ··· 055
4.3 习题详解 ··· 058

第5章 集成运放内部电路及其性能参数 ································· 078
5.1 内容归纳 ··· 078
5.2 典型例题 ··· 078
5.3 习题详解 ··· 081

| 第 6 章 | 运算电路的精度及稳定性分析 | 096 |

- 6.1 内容归纳 ········· 096
- 6.2 典型例题 ········· 097
- 6.3 习题详解 ········· 098

第 7 章　波形产生与整形电路 ········· 115

- 7.1 内容归纳 ········· 115
- 7.2 习题详解 ········· 115

第 8 章　信号处理电路 ········· 135

- 8.1 内容归纳 ········· 135
- 8.2 典型例题 ········· 135
- 8.3 习题详解 ········· 138

第 9 章　集成功率电路 ········· 150

- 9.1 内容归纳 ········· 150
- 9.2 典型例题 ········· 151
- 9.3 习题详解 ········· 154

参考文献 ········· 177

第1章 集成运算放大器及负反馈

1.1 内容归纳

1. 集成运算放大器有两个输入端和一个输出端,同相输入端和输出端的电压是同相关系。反相输入端和输出端的电压是反相关系。

2. 运放的放大特点是对输入的差模信号具有很高的增益,对输入端上的共模信号增益却很小,即 A_{do} 和 K_{CMR} 均十分大。

3. 由于运放具有很大的输入阻抗和十分小的输出阻抗,因此它是一个电压放大器件。

4. A_{do} 和 K_{CMR} 为无穷大的运放称为理想运放。

5. 负反馈是改善放大器性能最重要的手段。负反馈加入后减小了运算放大器的净输入信号 U_{id} 和 I_{id},使运算电路的增益 A_f 减小,但却使增益稳定性、非线性失真及信号噪声比等指标得到改善。

6. 按输入信号和反馈信号的比较方式,以及反馈信号对输出信号的采样关系,负反馈放大器可分为四种基本类型。它们被稳定的增益和输出电量、输入阻抗和输出阻抗等特性,示于表1-1。

表1-1 各种负反馈的特性

负反馈类型	输入端比较方式	输出端采样方式	被稳定的增益	被稳定的输出电量	输入阻抗	输出阻抗
电压串联	$\dot{U}_s$ 和 $\dot{U}_f$ 串联比较	电压采样 即 $\dot{U}_f \propto \dot{U}_o$	$\dot{A}_{uf}=\dfrac{\dot{U}_o}{\dot{U}_s}$	$\dot{U}_o$	大	小
电流串联	同上	电流采样 即 $\dot{U}_f \propto \dot{I}_o$	$\dot{A}_{gf}=\dfrac{\dot{I}_o}{\dot{U}_s}$	$\dot{I}_o$	大	大
电压并联	$\dot{I}_s$ 和 $\dot{I}_f$ 并联比较	电压采样 即 $\dot{I}_f \propto \dot{U}_o$	$\dot{A}_{rf}=\dfrac{\dot{U}_o}{\dot{I}_s}$	$\dot{U}_o$	小	小
电流并联	同上	电流采样 即 $\dot{I}_f \propto \dot{I}_o$	$\dot{A}_{if}=\dfrac{\dot{I}_o}{\dot{I}_s}$	$\dot{I}_o$	小	大

7. 由理想运放构成的负反馈运算电路,其运放的 $u_{id} \to 0$,$i_{id} \to 0$。这个特性称为同、反相输入端"虚短接"。在同相输入端接地的并联负反馈电路中,"虚短接"使反相输入端的电位趋近于地电位,称为"虚地"。用"虚短接"和"虚地"特征分析负反馈运算电路,十分方便。

8. 理想运放构成的负反馈电路,其增益完全取决于反馈网络,而对运放本身的特性不敏感,即 $A_f = \dfrac{1}{F}$。

9. 运放和 RC 元件组合可构成比例、加法、积分、微分等多种运算电路,以它们为基础还可以构成 PID 调节器等其他各种功能的电路。

10. 差动放大电路可以实现减法运算,它能抑制两个输入信号中的共模分量,使输出只反映输入信号中的差模分量。仪用放大器就是由双端及单端输出的两个差动放大电路构成的,它具有输入阻抗高、输出阻抗低、共模抑制能力强的特点。

11. 由运放基本运算电路组成的有源二阶状态变量滤波器,可以得到与 RLC 二阶无源滤波器相似的传递函数特性,具有通用性强、工作性能稳定、参数独立可调的特点。

1.2 习题详解

题 1-1 一个放大器系统,在信号源内阻 R_s 及放大器输入阻抗 R_i 都是 10 kΩ,输出阻抗 R_o 及负载 R_L 都是 1 kΩ 的条件下,测得电压增益 $A_{us} = U_o/U_s$ 为 40 dB。求放大器在负载开路时的电压增益 A_{uo}。

【解】 已知 $A_{us} = \dfrac{U_o}{U_s} = 100$,$U_o = A_{uo} U_s \dfrac{R_L}{R_o + R_L}$,设负载 R_L 开路时的输出电压为 U'_o,则 $U'_o = A_{uo} U_s$,

可知 $\dfrac{U'_o}{U_o} = \dfrac{R_o + R_L}{R_L} = 2$,即负载开路后 $U'_o = 2U_o$,

由此解得
$$A_{uo} = \dfrac{U'_o}{U_s} = \dfrac{2U_o}{U_s} = 2A_{us} = 200$$

题 1-2 一个放大器当接上 1 kΩ 的负载电阻时,其输出电压减小 20%,求该放大器的输出阻抗。

【解】 设未接负载电阻时放大器的输出电压为 U'_o,接上 $R_L = 1$ kΩ 后,
$$U_o = U'_o \dfrac{R_L}{R_o + R_L} = U'_o (1 - 20\%),$$

可得
$$\dfrac{R_L}{R_o + R_L} = 0.8, R_o = 0.25 R_L = 0.25 \text{ kΩ}$$

第1章 集成运算放大器及负反馈

题 1-3 某运算放大器的 $A_{do}=100$ dB，$K_{CMR}=80$ dB，最大输出电压 U_{opp} 为 ± 12 V，输入阻抗为无穷大，输出阻抗为零。如果两个输入端对地的电压如表中所示，试分别计算出输出电压值，并填入表内。

[提示] 必须注意共模电压放大倍数 A_c 没有确定的相位（或极性）关系，因此 U_o 应是一个范围，而不是一个确定的单一值。

U_N/mV	U_P/mV	U_o/mV
0.08	0.05	
0.01	0.06	
0.03	0	
1	5	

【解】 $U_{id}=U_N-U_P$，$U_{ic}=\dfrac{U_N+U_P}{2}$，$U_o=-A_{do}U_{id}+A_cU_{ic}$，$A_c=\pm\dfrac{A_{do}}{K_{CMR}}$，据此计算 U_o 并填入下表：

U_N/mV	U_P/mV	U_o/mV
0.08	0.05	-300 ± 0.65
0.01	0.06	500 ± 0.35
0.03	0	-300 ± 0.15
1	5	$12\,000\pm 30$

题 1-4 题图 1-4 所示的同相电压放大器中，当运放的电压增益 A_{do} 和 R_2 分别减小时，电路中 u'_{id}、u_f 和 u_o 的变化结果如何？（选中的结果画"√"）

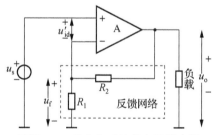

题图 1-4 具有负反馈的电压放大器

		明显增大	明显减小	不变	基本不变
A_{do} 减小	u_o				
	u_f				
	u'_{id}				
R_2 减小	u_o				
	u_f				
	u'_{id}				

【解】

		明显增大	明显减小	不变	基本不变
A_{do} 减小	u_o				✓
	u_f				✓
	u'_{id}				✓
R_2 减小	u_o		✓		
	u_f	✓			
	u'_{id}		✓		

题 1-5 一个电压串联负反馈电路,要求在 A_{do} 变化 25% 时,A_{uf} 的变化小于 1%,又要求闭环的增益为 100。试问:

① 反馈系数 F_u 应选多大?

② A_{do} 至少应为多大?

【解】 电压串联负反馈电路中 $A_{uf}=\dfrac{A_{do}}{1+A_{do}F_u}$,$\dfrac{dA_{uf}}{A_{uf}}=\dfrac{1}{1+A_{do}F_u}\dfrac{dA_{do}}{A_{do}}$,据此列出:

$$\begin{cases} \dfrac{A_{do}}{1+A_{do}F_u}=100 \\ \dfrac{1}{1+A_{do}F_u}\times 25\%=1\% \end{cases}$$

解得: $F_u=9.6\times 10^{-3}$,$A_{do}=2\,500$

题 1-6 求题图 1-6(a)和(b)电路的输入输出关系。

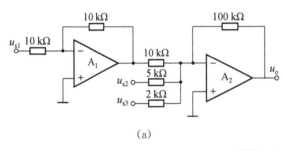
(a)

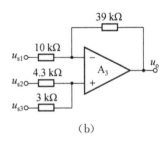
(b)

题图 1-6

【解】 图(a)电路:

$$u_o=10u_{s1}-20u_{s2}-50u_{s3}$$

图(b)电路:

$$u_o=-3.9u_{s1}+2u_{s2}+2.9u_{s3}$$

题 1-7 题图 1-7 所示的电路中，$R_1 = R_2 = R_3 = 10\ \text{k}\Omega$，求使 $U_o = -100U_s$ 时 R_4 的值。

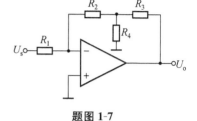

题图 1-7

【解】 列出电流方程：

$$\frac{U_s}{R_1} = \frac{-U_o}{R_3 + R_2 // R_4} \cdot \frac{R_4}{R_2 + R_4}$$

即

$$\frac{U_o}{U_s} = -\frac{R_2 R_3 + R_3 R_4 + R_2 R_4}{R_1 R_4}$$

已知 $R_1 = R_2 = R_3 = 10\ \text{k}\Omega$，$U_o = -100U_s$，求得 $R_4 = 102\ \Omega$。

题 1-8 求题图 1-8 的增益表达式。

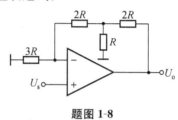

题图 1-8

【解 1】 电路如图(a)：

设节点电压为 U_1，列出如下方程：

$$\begin{cases} U_1\left(\dfrac{1}{R} + \dfrac{1}{2R} + \dfrac{1}{2R}\right) - \dfrac{1}{2R}U_o - \dfrac{1}{2R}U_s = 0 \\ \dfrac{U_s}{3R} = \dfrac{U_1 - U_s}{2R} \end{cases}$$

解得

$$\frac{U_o}{U_s} = 5.67$$

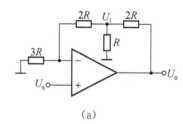

(a)

【解 2】 采用 Y-△变换，如图(b)：

$$\begin{cases} R_1 = \dfrac{(2R)^2 + 2R^2 + 2R^2}{2R} = 4R \\ R_2 = \dfrac{(2R)^2 + 2R^2 + 2R^2}{R} = 8R \\ R_3 = \dfrac{(2R)^2 + 2R^2 + 2R^2}{2R} = 4R \end{cases}$$

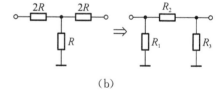

(b)

故有

$$U_o = U_s\left(1 + \frac{R_2}{R_1 // 3R}\right) = 5.67 U_s$$

即

$$\frac{U_o}{U_s} = 5.67$$

题 1-9 求题图 1-9 所示电路的输出电压表达式,并说明电路的特点和用途。

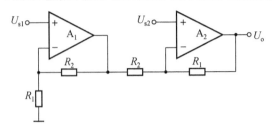

题图 1-9

【解】 根据迭加定理,$U_o = \left(1+\dfrac{R_2}{R_1}\right)\left(-\dfrac{R_1}{R_2}\right)U_{s1} + \left(1+\dfrac{R_1}{R_2}\right)U_{s2}$,整理得到:

$$U_o = \left(1+\dfrac{R_1}{R_2}\right)(U_{s2}-U_{s1})$$

该电路可用作减法器,特点是两个输入端都具有高输入阻抗。

题 1-10 求题图 1-10 所示电路的输出电压表达式,并说明电路的特点和用途。

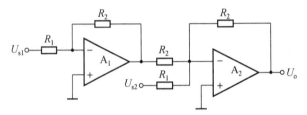

题图 1-10

【解】 $U_o = \left(\dfrac{R_2}{R_1}\right)U_{s1} - \left(\dfrac{R_2}{R_1}\right)U_{s2} = \dfrac{R_2}{R_1}(U_{s1}-U_{s2})$

该电路可用作减法器,特点是两个信号输入端都具有相同输入阻抗。

题 1-11 一压控电流源如题图 1-11 所示,试求:

① $I_o = f(U_{s1}, U_{s2})$ 的表达式。

② 输出阻抗 Z_o。

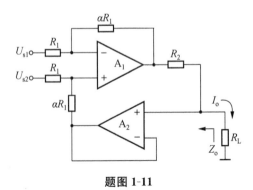

题图 1-11

【解】 ① 列出下列方程:

$$\frac{I_{\mathrm{o}}R_{\mathrm{L}}-U_{\mathrm{s}2}}{R_1+\alpha R_1}R_1+U_{\mathrm{s}2}=\frac{I_{\mathrm{o}}(R_2+R_{\mathrm{L}})-U_{\mathrm{s}1}}{R_1+\alpha R_1}R_1+U_{\mathrm{s}1}$$

整理后得到：

$$I_{\mathrm{o}}\frac{-R_2}{1+\alpha}=\frac{\alpha}{1+\alpha}(U_{\mathrm{s}1}-U_{\mathrm{s}2})$$

即：

$$I_{\mathrm{o}}=\frac{\alpha}{R_2}(U_{\mathrm{s}2}-U_{\mathrm{s}1})$$

② 将 $U_{\mathrm{s}1}$、$U_{\mathrm{s}2}$ 对地短路，R_{L} 开路并在输出端外加电压 $\dot{U}$，如下图所示：

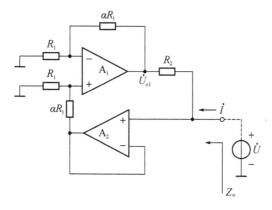

据图列出以下方程：

$$\dot{U}\frac{R_1}{(1+\alpha)R_1}=\dot{U}_{\mathrm{o}1}\frac{R_1}{(1+\alpha)R_1}，即 \dot{U}=\dot{U}_{\mathrm{o}1}，$$

则

$$\dot{I}=0, Z_{\mathrm{o}}=\frac{\dot{U}}{\dot{I}}\to\infty$$

题 1-12 试求题图 1-12 电路的输入阻抗。

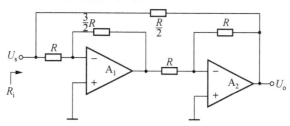

题图 1-12

【解】 $R_{\mathrm{i}}=\dfrac{U_{\mathrm{s}}}{I_{\mathrm{s}}}$，$I_{\mathrm{s}}=\dfrac{U_{\mathrm{s}}}{R}+\dfrac{U_{\mathrm{s}}-U_{\mathrm{o}}}{R/2}$，$U_{\mathrm{o}}=\dfrac{3}{2}U_{\mathrm{s}}$，

则有

$$I_{\mathrm{s}}=\frac{U_{\mathrm{s}}}{R}+\frac{2U_{\mathrm{s}}}{R}-\frac{2U_{\mathrm{o}}}{R}=U_{\mathrm{s}}\left(\frac{1}{R}+\frac{2}{R}-\frac{3}{R}\right)=0$$

可知

$$R_{\mathrm{i}}=\frac{U_{\mathrm{s}}}{I_{\mathrm{s}}}\to\infty$$

题 1-13 试求题图 1-13 电路的输入阻抗。

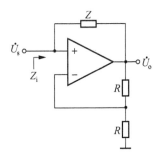

题图 1-13

【解】 $Z_i = \dfrac{\dot{U}_s}{\dot{I}_s}, \dot{I}_s = \dfrac{\dot{U}_s - \dot{U}_o}{Z}, \dot{U}_o = 2\dot{U}_s,$

则有 $\dot{I}_s = -\dfrac{\dot{U}_s}{Z}$

于是有 $Z_i = -Z$

题 1-14 题图 1-14 所示的电路是一个增益可调的差动放大器,求 U_o 的表达式。

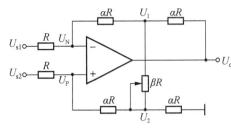

题图 1-14

【解】 据图列出以下方程:

$$\begin{cases} U_N\left(\dfrac{1}{R}+\dfrac{1}{\alpha R}\right) - U_{s1}\dfrac{1}{R} - U_1\dfrac{1}{\alpha R} = 0 & (1) \\[6pt] U_P\left(\dfrac{1}{R}+\dfrac{1}{\alpha R}\right) - U_{s2}\dfrac{1}{R} - U_2\dfrac{1}{\alpha R} = 0 & (2) \\[6pt] U_1\left(\dfrac{2}{\alpha R}+\dfrac{1}{\beta R}\right) - U_N\dfrac{1}{\alpha R} - U_2\dfrac{1}{\beta R} - U_o\dfrac{1}{\alpha R} = 0 & (3) \\[6pt] U_2\left(\dfrac{2}{\alpha R}+\dfrac{1}{\beta R}\right) - U_P\dfrac{1}{\alpha R} - U_1\dfrac{1}{\beta R} = 0 & (4) \end{cases}$$

(1)−(2)得:

$$U_2 - U_1 = \alpha(U_{s1} - U_{s2}) \tag{5}$$

(3)−(4)得:

$$(U_1 - U_2)\left(\dfrac{2}{\alpha R}+\dfrac{1}{\beta R}\right) + (U_1 - U_2)\dfrac{1}{\beta R} - U_o\dfrac{1}{\alpha R} = 0 \tag{6}$$

联立求解方程(5)、方程(6)得:

$$U_o = \alpha^2 R\left(\dfrac{2}{\alpha R}+\dfrac{2}{\beta R}\right)(U_{s2} - U_{s1})$$

即

$$U_o = 2\alpha\left(1+\dfrac{\alpha}{\beta}\right)(U_{s2} - U_{s1})$$

题 1-15 由两个运放组成的互导放大器如题图 1-15 所示。该电路能将输入信号电压变换成输出电流供给负载。

① 分析电路的工作原理;

② 若电阻取值满足 $R_1 \sim R_6 = 100 \text{ k}\Omega \gg R_s$,求该放大器的互导增益 $A_{gf} = I_o/U_i$ 的表达式。

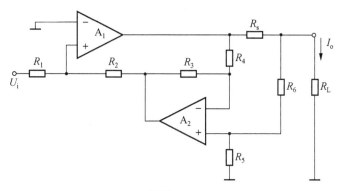

题图 1-15

【解】 ① 本电路的工作原理是根据电压—电流变换要求,引入深度电流串联负反馈。即将电流采样电阻 R_s 上的电压经差动放大器 A_2 放大并与输入电压相叠加,组成稳定的互导增益放大器 $\left(A_{gf} = \dfrac{I_o}{U_i}\right)$。

② 因 $R_3 = R_4 = R_5 = R_6$,可知由 A_2 组成的差动放大器的电压增益为:$A_{u2} = -1$,所以有 $U_{o2} = -I_o R_s$,所以可得出 $\dfrac{U_i}{R_1} = -\dfrac{U_{o2}}{R_2}$。

即 $$\dfrac{U_i}{R_1} = I_o \dfrac{R_s}{R_2}$$

故有 $$I_o = \dfrac{R_2}{R_1} \cdot \dfrac{U_i}{R_s}$$

当 $R_1 = R_2$,进一步简化为 $I_o = \dfrac{U_i}{R_s}$,即互导增益 $A_{gf} = \dfrac{I_o}{U_i} = \dfrac{1}{R_s}$。

题 1-16 一个桥式测温电路如题图 1-16 所示。其中 $R_1 = R_2 = R_3 = R_0 = 10 \text{ k}\Omega$,热敏电阻 $R_t = R_0(1 + \alpha T)$。式中 R_0 为温度 $T = 0 \text{ ℃}$ 时的电阻值,α 为温度系数,其值为 $0.5\%/\text{℃}$,求 U_o 与温度 T 的关系式。

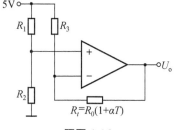

题图 1-16

【解】 列方程：

$$\frac{R_2}{R_1+R_2}\times 5=\frac{U_o-5}{R_3+R_t}R_3+5,$$

即

$$U_o=2.5-0.25R_t=2.5-0.25R_0(1+\alpha T)$$

题 1-17 运放电路如题图 1-17 所示。试求输出电压 U_o 与输入电压 U_{s1}、U_{s2} 的关系表达式。

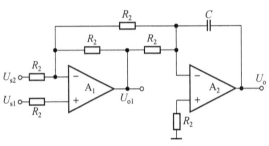

题图 1-17

【解】 列电流方程：

$$\begin{cases}\dfrac{U_{s2}-U_{s1}}{R_2}=\dfrac{U_{s1}-U_{o1}}{R_2}+\dfrac{U_{s1}}{R_2} & (1)\\[2mm] \dfrac{U_{s1}}{R_2}+\dfrac{U_{o1}}{R_2}=C\dfrac{-dU_o}{dt} & (2)\end{cases}$$

由(1)式得：

$$U_{o1}=3U_{s1}-U_{s2}$$

代入(2)式得：

$$U_o=\frac{-1}{R_2C}\int(4U_{s1}-U_{s2})dt$$

题 1-18 题图 1-18 所示的波形转换电路，输入电压 u_s 为幅度 ± 1 V、周期为 10 s 的方波，已知 $t=0$ 时电容器 C 两端的电压为零。试画出 t 在 $0\sim 30$ s 的 u_{o1} 和 u_o 波形。

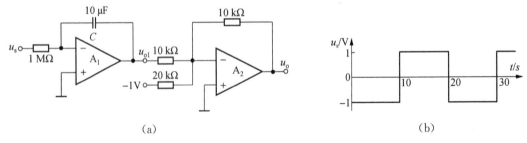

题图 1-18

【解】 $u_o=\dfrac{1}{2}+\dfrac{1}{1\ \text{M}\Omega\times 10\ \mu\text{F}}\int_0^t u_s dt,\ u_o=0.5+0.1u_s t,\ u_{o1}=-0.1u_s t,$

波形图如下:

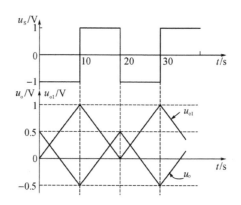

题 1-19 电路如题图 1-19 所示,设 A_1、A_2 为理想运放,电容的初始电压 $u_C(0)=0$。

① 写出 u_o 与 u_{s1}、u_{s2} 和 u_{s3} 之间的关系式;

② 写出当电路中电阻 $R_1 \sim R_6 = R$ 时,输出电压 u_o 的表达式。

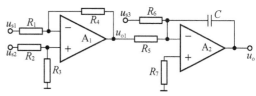

题图 1-19

【解】 ①
$$\frac{u_{o1}-u_{s1}}{R_1+R_4}R_1+u_{s1}=u_{s2}\frac{R_3}{R_2+R_3}$$

则
$$u_{o1}=-\frac{R_4}{R_1}u_{s1}+\frac{R_1+R_4}{R_2+R_3}\cdot\frac{R_3}{R_1}u_{s2}$$

$$u_o=\frac{-1}{R_6C}\int u_{s3}\mathrm{d}t-\frac{1}{R_5C}\int u_{o1}\mathrm{d}t=\frac{-1}{R_6C}\int u_{s3}\mathrm{d}t+\frac{1}{R_5C}\int\frac{R_4}{R_1}u_{s1}\mathrm{d}t-\frac{1}{R_5C}\int\frac{R_3}{R_1}\frac{R_1+R_4}{R_2+R_3}u_{s2}\mathrm{d}t$$

② $R_1 \sim R_6 = R$ 条件下,

$$u_{o1}=u_{s2}-u_{s1},u_o=\frac{-1}{RC}\int(u_{s3}+u_{s2}-u_{s1})\mathrm{d}t$$

题 1-20 一个仪用放大器电路如题图 1-20 所示。试求:

① 电路的差模电压放大倍数表达式 $A_{ud}=u_o/(u_{s1}-u_{s2})$;

② 在图示参数下求 A_{ud} 的可调范围。

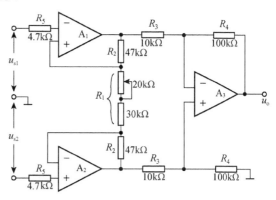

题图 1-20

【解】 ① 因为 $\dfrac{U_{s1}-U_{s2}}{R_1}=\dfrac{U_{o1}-U_{s1}}{R_2}=\dfrac{U_{s2}-U_{o2}}{R_2}$,由此得到:

$$\begin{cases} R_2(U_{s1}-U_{s2})=R_1(U_{o1}-U_{s1}) \\ R_2(U_{o1}-U_{s1})=R_2(U_{s2}-U_{o2}) \end{cases}$$

解得:

$$U_{o1} = \left(1 + \frac{R_2}{R_1}\right)U_{s1} - \frac{R_2}{R_1}U_{s2}, \quad U_{o2} = \left(1 + \frac{R_2}{R_1}\right)U_{s2} - \frac{R_2}{R_1}U_{s1}$$

$$U_o = -\frac{R_4}{R_3}(U_{o1} - U_{o2}) = -\frac{R_4}{R_3}\left[\left(1 + \frac{R_2}{R_1}\right)(U_{s1} - U_{s2}) + \frac{R_2}{R_1}(U_{s1} - U_{s2})\right]$$

即

$$U_o = -\frac{R_4}{R_3}\left(1 + 2\frac{R_2}{R_1}\right)(U_{s1} - U_{s2})$$

故有

$$A_{ud} = \frac{U_o}{U_{s1} - U_{s2}} = -\frac{R_4}{R_3}\left(1 + 2\frac{R_2}{R_1}\right)$$

② $R_1 = 30\ \text{k}\Omega$ 时，求得：

$$A_{ud} = -10\left(1 + 2 \times \frac{47}{30}\right) = -41.3$$

$R_1 = 50\ \text{k}\Omega$ 时，求得：

$$A_{ud} = -10\left(1 + 2 \times \frac{47}{50}\right) = -28.8$$

所以 A_{ud} 调节范围为 $-41.3 \sim -28.8$。

题 1-21 试推导题图 1-21 所示状态变量滤波电路从③端、④端分别输出时的传递函数，并求其 ω_0、Q、A_{uf} 参数。

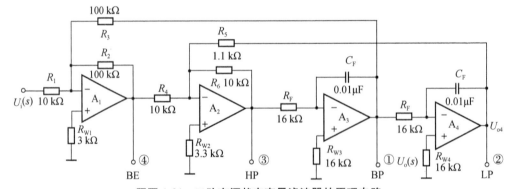

题图 1-21 二阶有源状态变量滤波器的原理电路

【解】 ①由题图 1-21 电路中③端输出时，据电路图列出以下方程：

$$\begin{cases} U_{o1} = -\dfrac{R_2}{R_1}U_i - \dfrac{R_2}{R_3}U_{o3} = -K_1 U_i - K_2 U_{o3} \\ U_{o2} = -\dfrac{R_6}{R_4}U_{o1} - \dfrac{R_6}{R_5}U_{o4} = -K_3 U_{o1} - K_4 U_{o4} \\ U_{o3} = -\dfrac{1}{sR_F C_F}U_{o2} = -\dfrac{\omega_A}{s}U_{o2} \\ U_{o4} = -\dfrac{1}{sR_F C_F}U_{o3} = -\dfrac{\omega_A}{s}U_{o3} \end{cases}$$

上式中：$K_1=\dfrac{R_2}{R_1}$，$K_2=\dfrac{R_2}{R_3}$，$K_3=\dfrac{R_6}{R_4}$，$K_4=\dfrac{R_6}{R_5}$，$\omega_A=\dfrac{1}{R_F C_F}$

从③端输出时对应的输出电压 U_{o2}，可写出：

$$U_{o2}=-K_3\left(-K_1 U_i+K_2\dfrac{\omega_A}{s}U_{o2}\right)-K_4\left(\dfrac{\omega_A}{s}\right)^2 U_{o2}$$

则

$$A(s)=\dfrac{U_{o2}}{U_i}=\dfrac{K_1 K_3}{1+K_2 K_3\dfrac{\omega_A}{s}+K_4\left(\dfrac{\omega_A}{s}\right)^2}=\dfrac{K_1 K_3 s^2}{s^2+s K_1 K_3 \omega_A+K_4 \omega_A^2}$$

即

$$A(s)=\dfrac{A_{uf} s^2}{s^2+s\cdot\alpha\cdot\omega_0+\omega_0^2}$$

其中，

$$A_{uf}=K_1 K_3=\dfrac{R_2 R_6}{R_1 R_4},\ \omega_0=\sqrt{K_4}\cdot\omega_A=\sqrt{\dfrac{R_6}{R_5}}\dfrac{1}{R_F C_F},$$

$$\alpha=\dfrac{K_1 K_3}{\sqrt{K_4}}=\dfrac{R_2}{R_1}\cdot\dfrac{R_6}{R_4}\sqrt{\dfrac{R_5}{R_6}}=\dfrac{R_2\sqrt{R_5 R_6}}{R_1 R_4}$$

（注：$Q=\dfrac{1}{\alpha}$）对照表 1-2 可知具有二阶高通滤波特性。

表 1-2 二阶无源滤波器的传递函数

滤波器类型	电 路	传递函数 $T(s)$	参 数
低通	（L 串联，C、R 并联电路）	$\dfrac{\omega_0^2}{s^2+\alpha\omega_0 s+\omega_0^2}$	$\omega_0=\dfrac{1}{\sqrt{LC}}$ ， $\alpha=\dfrac{1}{\omega_0 RC}$
高通	（C 串联，L、R 并联电路）	$\dfrac{s^2}{s^2+\alpha\omega_0 s+\omega_0^2}$	ω_0,α 表达式同上
带通	（L、C 串联，R 并联电路）	$\dfrac{\dfrac{\omega_0}{Q}s}{s^2+\dfrac{\omega_0}{Q}s+\omega_0^2}$	$Q=1/\alpha,\omega_0$ 表达式同上
带阻	（L、C 并联，R 串联电路）	$\dfrac{s^2+\omega_0^2}{s^2+\dfrac{\omega_0}{Q}s+\omega_0^2}$	$Q=1/\alpha,\omega_0$ 表达式同上

② 由题图 1-21 电路中④端输出时，对应的输出电压为 U_{o1}，可写出：$U_{o1}=-K_1 U_i+K_2\dfrac{\omega_A}{s}\left(-K_3 U_{o1}+K_4\dfrac{\omega_A}{s}U_{o3}\right)$，式中 U_{o3} 可据电路图列出另一方程：

$$U_{o3}=-\left(\frac{U_i}{R_1}+\frac{U_{o1}}{R_2}\right)R_3=-\frac{R_3}{R_1}U_i-\frac{R_3}{R_2}\cdot U_{o1}=-\frac{K_1}{K_2}U_i-\frac{1}{K_2}U_{o1},$$

代入上式,得到:

$$U_{o1}=-K_1 U_i-K_2 K_3 \frac{\omega_A}{s}U_{o1}-K_2 K_4\left(\frac{\omega_A}{s}\right)^2\left(\frac{K_1}{K_2}U_i+\frac{1}{K_2}U_{o1}\right)$$

即:

$$U_{o1}\left(1+K_2 K_3 \frac{\omega_A}{s}+K_4\left(\frac{\omega_A}{s}\right)^2\right)=-\left(K_1+K_1 K_4\left(\frac{\omega_A}{s}\right)^2\right)\cdot U_i$$

则

$$A(s)=\frac{U_{o1}}{U_i}=\frac{-K_1-K_1 K_4\left(\frac{\omega_A}{s}\right)^2}{1+K_2 K_3 \frac{\omega_A}{s}+K_4\left(\frac{\omega_A}{s}\right)^2}=\frac{-K_1 s^2-K_1 K_4 \omega_A^2}{s^2+K_2 K_3 \omega_A s+K_4 \omega_A^2}$$

即:

$$A(s)=\frac{A_{uf}(s^2-\omega_0^2)}{s^2+\frac{\omega_0}{Q}s+\omega_0^2}$$

其中:

$$A_{uf}=-K_1=-\frac{R_2}{R_1},\omega_0=\sqrt{K_4}\,\omega_A=\sqrt{\frac{R_6}{R_5}}\frac{1}{R_F C_F},Q=\frac{\sqrt{K_4}}{K_1 K_3}=\sqrt{\frac{R_6}{R_5}}\frac{R_1 R_3}{R_2^2}$$

对照表 1-2 可知具有二阶带阻滤波特性。

题 1-22 题图 1-22 所示状态变量滤波电路,若设 $R_3=R_4$, $C_1=C_2=C$,分别求电压传递函数 $\dfrac{U_o(s)}{U_i(s)}$、A_{uf}、ω_0、Q 表达式,并说明滤波功能。

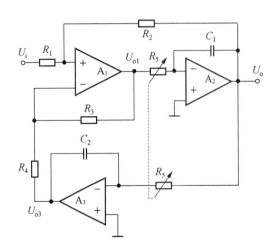

题图 1-22

【解】 据电路图列出以下方程:

$$\begin{cases} U_o = -\dfrac{1}{sR_5C_1}U_{o1} \\ U_{o3} = -\dfrac{1}{sR_5C_2}U_o \\ (U_{o1}-U_{o3})\dfrac{R_4}{R_3+R_4}+U_{o3}=(U_o-U_i)\dfrac{R_1}{R_1+R_2}+U_i \end{cases}$$

解得：

$$\dfrac{U_o}{U_i}=\dfrac{-\dfrac{R_2}{R_1+R_2}}{\dfrac{R_1}{R_1+R_2}+\dfrac{R_4R_5C_1}{R_3+R_4}s+\dfrac{R_3}{(R_3+R_4)sR_5C_2}}$$

代入 $R_3=R_4$, $C_1=C_2=C$，并整理得：

$$\dfrac{U_o(s)}{U_i(s)}=\dfrac{-\dfrac{1}{R_5C}\cdot\dfrac{2}{1+R_1/R_2}\cdot s}{s^2+\dfrac{1}{R_5C}\dfrac{2}{1+R_2/R_1}+\dfrac{1}{R_5^2\cdot C^2}}=\dfrac{A_{uf}\cdot\dfrac{\omega_0}{Q}\cdot s}{s^2+\dfrac{\omega_0}{Q}s+\omega_0^2}$$

可知：$\omega_0=\dfrac{1}{R_5C}$, $Q=\dfrac{R_1+R_2}{2R_1}$, $A_{uf}=-R_2/R_1$

该电路具有二阶带通滤波器功能。

题 1-23 状态变量滤波器如题图 1-23 所示。试证明 $A_{u2}=u_{o2}/u_i$ 具有二阶带通滤波功能，并求其通带中心频率 f_{o2} 及 Q 值。

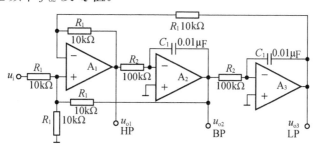

题图 1-23

【解】 据电路图列出以下方程：

$$\begin{cases} u_{P1}\dfrac{3}{R_1}-u_i\dfrac{1}{R_1}-u_{o2}\dfrac{1}{R_1}=0 & (1) \\ u_{o1}+\dfrac{u_{o3}-u_{o1}}{2}=u_{P1} & (2) \\ u_{o2}=-\dfrac{1}{sR_2C_1}u_{o1} & (3) \\ u_{o3}=-\dfrac{1}{sR_2C_1}u_{o2} & (4) \end{cases}$$

由(1)式得：

$$u_{P1}=\frac{1}{3}u_i+\frac{1}{3}u_{o2}\tag{5}$$

(5)式代入(2)式得：

$$u_{o1}=\frac{2}{3}u_i+\frac{2}{3}u_{o2}-u_{o3}$$

则有

$$u_{o2}=\frac{-1}{sR_2C_1}\left(\frac{2}{3}u_i+\frac{2}{3}u_{o2}+\frac{1}{sR_2C_1}u_{o2}\right)$$

整理得：

$$A_{u2}=\frac{u_{o2}}{u_i}=\frac{-0.67/sR_2C_1}{1+\frac{1}{(sR_2C_1)^2}+\frac{0.67}{sR_2C_1}}=\frac{-0.67sR_2C_1}{s^2+s\frac{0.67}{R_2C_1}+\left(\frac{1}{R_2C_1}\right)^2}\tag{6}$$

证明该电路具有二阶带通滤波功能。

进一步将(6)式改写成：

$$A_{u2}=\frac{A_{uf}+\frac{\omega_0}{Q}s}{s^2+\frac{\omega_0}{Q}s+\omega_0^2}\tag{7}$$

对比(6)式可知：

$$\omega_0=\frac{1}{R_2C_1};\frac{\omega_0}{Q}=0.67\frac{1}{R_2C_1}$$

故有

$$Q=\frac{1}{0.67}\approx 1.5, f_{o2}=\frac{\omega_0}{2\pi}=\frac{1}{2\pi R_2C_1}=159(\text{Hz})$$

第 2 章 半导体二极管及其应用

2.1 内容归纳

1. 半导体具有热敏特性及光敏特性,温度升高或光照增强时,半导体的电阻率将降低。

2. 半导体中具有两种不同的载流子:自由电子与空穴。两者带电极性不同,导电机理也不同。

3. 半导体的导电性能受杂质的影响极大,通过少量掺杂可改变半导体的导电类型,将本征半导体改造成杂质半导体。杂质半导体仍呈电中性,其载流子的数量关系仍满足浓度作用定律。

4. PN结中多子扩散电流与少子漂移电流达到动态平衡时,PN结的宽度将保持一定。在半导体材料确定的条件下,结宽的大小与掺杂浓度成反比。

5. 单向导电性是PN结的主要特性。外加正向电压时PN结呈低阻,较小的正向电压就能产生较大的正向电流。外加反向电压时PN结呈高阻,仅流过很小的反向饱和电流。

6. 温度对PN结的影响主要表现在两个方面:正偏PN结中,在恒定偏流条件下,PN结两端压降具有-2.2 mV/℃的温度系数;反偏PN结中,温度每升高10 ℃,反向饱和电流增加一倍。

7. PN结具有电容效应。势垒电容C_B是通过空间电荷区的宽度变化(即势垒变化)来体现的;扩散电容C_D是通过扩散电荷分布的变化来体现的。它们都是非线性电容,外加正向电压时数值增大,外加反向电压时数值减小。

8. 在防止产生热击穿的前提下,PN结的反向击穿特性可被利用来实现稳压。PN结中反向击穿电流在较大范围变化时,两端电压能基本维持恒定的这样一种电流调节作用是实现稳压的关键。反向击穿时,PN结的动态电阻r_Z及电压温度系数γ是衡量稳压效果好坏的重要参数。

9. 光敏二极管按构造及功能可分为四种类型,它们都是工作在反偏或零偏状态。它们的主要区别是对入射光波长具有不同的光电灵敏度或响应速度。分光灵敏度特性及光电响应速度是选用光敏二极管器件类型的主要依据。负载电阻对光敏二极管的特性参数有较大影响,为了充分发挥光敏二极管的特性功能,负载电阻的阻值越小越好。

10. 半导体二极管(包括稳压二极管、光敏二极管)是由单个PN结构成的电子元器件,灵活运用其单向导电性、反向击穿特性、温度特性、光敏特性、电容效应等,可构成各种功能独特的应用电路。

2.2 习题详解

题 2-1 不计二极管的阈值电压情况下,已知常温($T=300$ K)时锗和硅二极管的反向饱和电流分别是 $I_{s1}=1$ μA,$I_{s2}=2$ pA。若二极管上正向电压 $U_D=0.312$ V,分别求出正向电流 I_{D1} 和 I_{D2}。

【解】 由二极管的伏安特性方程 $I_D=I_s(e^{\frac{u_D}{U_T}}-1)$,代入所给电压、电流参数,求得:

锗二极管:
$$I_{D1}=1\ \mu A\times(e^{\frac{312\ mV}{26\ mV}}-1)=163\ mA$$

硅二极管:
$$I_{D2}=2\ pA\times(e^{\frac{312\ mV}{26\ mV}}-1)=0.326\ \mu A$$

题 2-2 不计二极管的阈值电压,并已知常温($T=300$ K)下二极管的 $I_s=0.1$ μA。当二极管上正向电压 $U_D=0.416$ V 时,试求:
① $T=300$ K 时二极管的正向电流 I_D;
② $T=330$ K 时二极管的正向电流 I_D;
③ 温度从 300 K 增加到 330 K 时 I_D 增加的倍数。

【解】 ① 由二极管的伏安特性方程求得:
$$I_{D1}=0.1\ \mu A\times(e^{\frac{416\ mV}{26\ mV}}-1)=889\ mA$$

② 温度的电压当量 $U_T=kT/q$,其中 $k=1.38\times10^{-23}$ J/K,$q=1.6\times10^{-19}$ C,$T=330$ K,求得:
$$U_T=28.5\ mV,\quad I_s=I_{s0}\times2^{\frac{T-T_0}{10}}=0.1\ \mu A\times2^{\frac{330-300}{10}}=0.8\ \mu A$$

则有
$$I_{D2}=0.8\ \mu A\times(e^{\frac{416\ mV}{28.5\ mV}}-1)=1\ 744\ mA$$

③ 温度从 300 K 增加到 330 K 时,I_D 增加的倍数为:
$$\frac{I_{D2}}{I_{D1}}=\frac{1\ 744}{889}=2$$

题 2-3 下图中所有二极管都是理想的器件,试求电压 u_{Ao}。

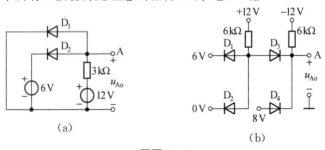

题图 2-3

【解】 图(a)电路中 D_1 导通时,D_2 截止,$u_{Ao}=0$ V。

图(b)电路中 D_2、D_4 导通,D_1、D_3 截止,$u_{Ao}=8$ V。

题 2-4 判断题图 2-4 电路中的二极管是否导通。

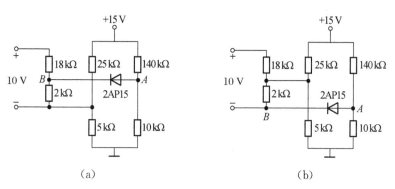

题图 2-4

【解】 图(a)电路中,假设二极管开路,求得 A、B 两点电位为:$U_A=1$ V,$U_B=4.5$ V

因为 $U_B>U_A$,所以接上二极管后,二极管将因电压反偏而截止。

图(b)电路中,假设二极管开路,求得 A、B 两点电位为:$U_A=1$ V,$U_B=1.5$ V

因为 $U_B>U_A$,所以接上二极管后,二极管将截止。

题 2-5 指出题图 2-5 所示三个电路中二极管的作用。

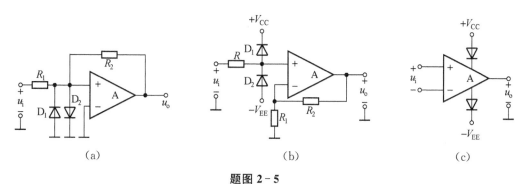

题图 2-5

【解】 图(a)中 D_1、D_2 对加到运放输入端口的电压起限幅作用,防止运放因输入电压过高而损坏。

图(b)中 D_1、D_2 对运放输入电压 u_i 起限幅作用,确保输入电压 u_i 峰值不超过运放的电源电压。

图(c)中二极管的作用是防止运放的电源电压极性错接。

题 2-6 设二极管为理想元件,试画出题图 2-6 所示二极管电路的电压传输特性(u_i-u_o 曲线)。

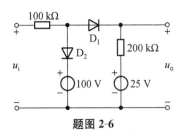

题图 2-6

【解】 电路的电压传输特性为：

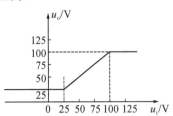

题 2-7 题图 2-7 中 D_1、D_2 是理想二极管，$u_i=8\sin\omega t(V)$，试画出 u_i 和 u_o 的对应波形图。

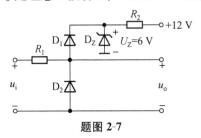

题图 2-7

【解】 u_i 和 u_o 的波形图为：

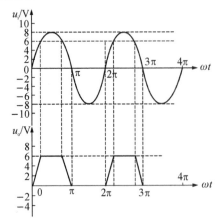

题 2-8 电路如题图 2-8 所示，A 为理想运算放大器，求输出电压 U_o 的可调范围。

【解】 据题图 2-8 电路，当可变电阻为 $0\ \Omega$ 时，$U_o = -6.9\ V$；当可变电阻为 $50\ k\Omega$ 时，运放差模输入电压 $u_{id}=0\ V$，即 $U_o=0\ V$。

所以，输出电压的可调范围为 $0 \sim -6.9\ V$。

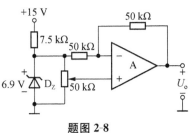

题图 2-8

题 2-9 稳压管稳压电路如题图 2-9 所示。负载 R_L 从开路变到 2 kΩ,输入电压为 $U_I=54(1\pm0.1)$ V,已知稳压管的稳定电压 $U_Z=12$ V,额定功耗 $P_{DM}=250$ mW,最小稳压工作电流 $I_{Zmin}=0.2$ mA。试选取合适的限流电阻 R。

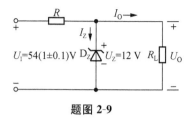

题图 2-9

【解】 根据教材中公式:

$$\frac{U_{Imax}-U_Z}{I_{Zmax}+I_{Omin}}<R<\frac{U_{Imin}-U_Z}{I_{Zmin}+I_{Omax}}$$

据给定条件求出:

$$U_{Imax}=54(1+0.1)\text{ V}=59.4\text{ V}, U_{Imin}=54(1-0.1)\text{ V}=48.6\text{ V}$$

$$I_{Omax}=\frac{U_Z}{2\text{ k}\Omega}=\frac{12\text{ V}}{2\text{ k}}=6\text{ mA}, I_{Omin}=0$$

$$I_{Zmax}=\frac{P_{DM}}{U_Z}=\frac{250\text{ mW}}{12\text{ V}}=20.8\text{ mA}, I_{Zmin}=0.2\text{ mA}$$

故有 $\dfrac{(59.4-12)\text{ V}}{20.8\text{ mA}}<R<\dfrac{(48.6-12)\text{ V}}{(0.2+6)\text{ mA}}$,

即 $2.3\text{ k}\Omega<R<5.9\text{ k}\Omega$。

题 2-10 题图 2-10 所示电路中,设运放 A、稳压管 D_Z 和二极管 D 均为理想器件,$U_Z=5$ V,$U_D=0$。

已知当 $t=0$ 时,电容电压 $u_C(0)=0$,开关 S 置于位置 1 上。当 $t=t_1=2$ s 时,开关 S 转换到位置 2 上。试画出电压 u_o 的波形,标注有关数据,并求出输出电压过零的时间 t_2 和电路开始限幅的时间 t_3。

【解】 运放 A 组成的是具有输出电压限幅(+5 V)功能的反相积分器电路,可画出 u_o 的波形为:

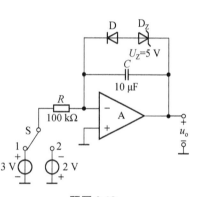

题图 2-10

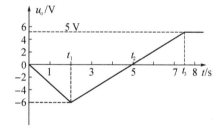

其中,斜线部分对应的积分器输出电压为:$u_o=\dfrac{-1}{RC}\int u_i \mathrm{d}t = -u_i t$。

当 $t=0\sim t_1$ 时:$u_i=3$ V,$u_o=0\sim -6$ V;

当 $t=2\sim t_2$ 时:$u_i=-2$ V,$u_o=-6\sim 0$ V;

对应的 $t_2=5$ s,$t_3=7.5$ s。

题 2-11 设题图 2-11 所示电路中的 A 为理想运放,稳压管的 $U_Z=1.2$ V,稳定电流 $I_Z=50$ μA~2 mA。

① 求电流 I_L 的值;
② 电路正常工作时,求允许的 R_L 最大值 R_{Lmax};
③ 若 $R_L=10$ Ω,求稳压管电流 I_Z。

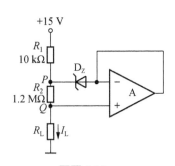

题图 2-11

【解】 ① $I_L = \dfrac{U_Z}{R_2} = \dfrac{1.2 \text{ V}}{1.2 \text{ M}\Omega} = 1$ μA

② 因为 $I_{R1} = I_L + I_Z$,其中 $I_L = 1$ μA,$I_{Zmin} = 50$ μA,

所以 $I_{R1min} = I_L + I_{Zmin} = 51$ μA

当 $I_{R1} = I_{R1min}$ 时,$U_{R1min} = I_{R1min} \cdot R_1 = 51$ μA×10 kΩ = 0.51 V

由此求出 R_L 上允许的最大压降为:

$$U_{RLmax} = 15 \text{ V} - U_{R1min} - U_Z = 15 \text{ V} - 0.51 \text{ V} - 1.2 \text{ V} = 13.29 \text{ V}$$

则允许的 R_L 最大值:

$$R_{Lmax} = \dfrac{U_{RLmax}}{I_L} = \dfrac{13.29 \text{ V}}{1 \text{ μA}} = 13.29 \text{ M}\Omega$$

③ $R_L = 10$ Ω 时:

$$U_{RL} = I_L \cdot R_L = 10 \text{ μV},$$

P 点电位

$$U_P = U_{RL} + U_Z = 10 \text{ μV} + 1.2 \text{ V} = 1.200\ 010 \text{ V} \approx 1.2 \text{ V}$$

对应的

$$I_{R1} = \dfrac{15 \text{ V} - 1.2 \text{ V}}{10 \text{ k}\Omega} = 1.38 \text{ mA}, I_Z = I_{R1} - I_L = 1.38 \text{ mA} - 1 \text{ μA} \approx 1.38 \text{ mA}$$

题 2-12 画出题图 2-12 所示电路的电压传输特性(u_o 与 u_i 的关系曲线)。设运放 A_1、A_2 具有理想的特性,其最大输出电压为±15 V,输入信号幅度足够大,二极管 D 为理想元件。

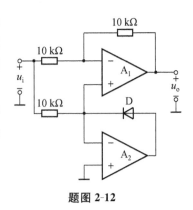

题图 2-12

【解】 分析题图 2-12 电路可知:$u_i < 0$ 时,二极管 D 导通,在 A_2 反相输入端形成"虚地",所以 $u_o = -u_i$;当 $u_i > 0$ 时,二极管 D 截止,运放输入端形成"虚短",所以 $u_o = u_i$。

根据以上分析,画出电路的传输特性为:

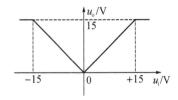

题 2-13 在题图 2-13 所示电路中,运放及二极管具有理想特性,运放的最大输出电压范围 ±15 V,输入电压的幅度足够大。试画出该电路的电压传输特性(u_o 与 u_i 关系曲线)。

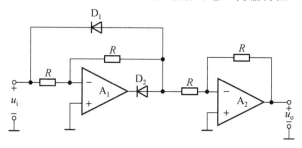

题图 2-13

【解】 当 $u_i < 0$ 时,D_1 导通,D_2 截止,$u_o = -u_i$;当 $u_i > 0$ 时,D_1 截止,D_2 导通,$u_o = +u_i$,所以电路的电压传输特性如图:

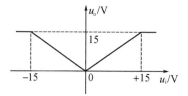

题 2-14 电路如题图 2-14(a)所示,$D_1 \sim D_4$ 为理想二极管,A 为理想运放。已知该电路的电压传输特性如题图 2-14(b)所示,试求产生限幅时的输出及输入电压值。

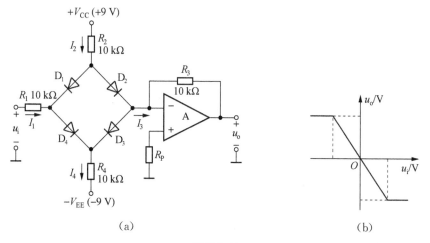

题图 2-14

【解】 分析可知,$u_i = 0$ 时,$D_1 \sim D_4$ 都导通,$I_2 = I_4 = \dfrac{9 \text{ V}}{10 \text{ k}\Omega} = 0.9 \text{ mA}$,$I_1 = I_3 = 0$,$u_o = 0$;

当 $-9 \text{ V} < u_i < 9 \text{ V}$ 时,$D_1 \sim D_4$ 继续保持导通,$I_2 = I_4 = \dfrac{9 \text{ V}}{10 \text{ k}\Omega} = 0.9 \text{ mA}$ 保持不变,$I_1 = I_3 = u_i / R_1$,$u_o = -I_3 R_3$,$\dfrac{u_o}{u_i} = -1$。

当 $u_i \geqslant 9$ V 时,D_1 截止 $I_{D1}=0$,D_4 导通 $I_{D4}=I_1$,D_3 截止 $I_{D3}=0$,D_2 导通 $u_o=-\dfrac{R_3}{R_2}V_{CC}=-9$ V;

当 $u_i \leqslant -9$ V 时,D_4 截止 $I_{D4}=0$,D_1 导通 $I_{D1}=-I_1$,D_2 截止 $I_{D2}=0$,D_3 导通 $u_o=-\dfrac{R_3}{R_4}\times(-V_{EE})=+9$ V。

所以产生限幅时的输出及输入电压值标示如下图:

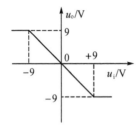

题 2-15 题图 2-15 是一个输入信号的极性判断与转换电路。设集成运放和二极管均具有理想特性,试写出极性判断电压 u_A 和输出电压 u_o 的表达式。

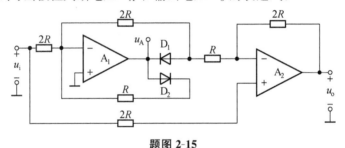

题图 2-15

【解】 $u_i > 0$ 时,$u_A < 0$ 使 D_1 导通、D_2 截止,可列出以下方程:

$$\dfrac{u_i-(-u_i)}{R}=\dfrac{u_o-u_i}{2R}$$

解得: $u_o = 5u_i$,$u_A = -u_i < 0$

$u_i < 0$ 时,$u_A > 0$ 使 D_2 导通、D_1 截止,可列出以下方程:

$$u_o = \left(1+\dfrac{2R}{3R}\right)u_i = 1.67u_i,\quad u_A = -\dfrac{R}{2R}u_i = -0.5u_i > 0$$

题 2-16 极性及大小可调式基准电压电路如题图 2-16 所示。

① 设稳压管电压为 U_Z,证明当 $R_4=R_5$ 时输出电压 U_O 的表达式为: $U_O=[2R_2/(R_1+R_2)-1]U_Z$;

② R_W 滑动端改变时,运放输出端电压的调节范围是多少?

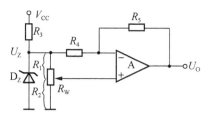

题图 2-16

【解】 ① 据电路图可列出以下方程：

$$\frac{R_2}{R_1+R_2}U_Z=\frac{U_O-U_Z}{R_4+R_5}R_4+U_Z$$

解得：

$$U_O\frac{R_4}{R_4+R_5}=U_Z\left(\frac{R_2}{R_1+R_2}+\frac{R_4}{R_4+R_5}-1\right)$$

即：$U_O=\frac{1}{R_4}\cdot\frac{R_2R_4-R_1R_5}{R_1+R_2}U_Z$，当满足条件 $R_4=R_5$ 时

$$U_O=\frac{R_2-R_1}{R_1+R_2}U_Z=\frac{2R_2-R_1-R_2}{R_1+R_2}U_Z=\left(\frac{2R_2}{R_1+R_2}-1\right)U_Z$$

② 当改变可变电阻滑动端使 $R_2=0$ 时，$U_O=-U_Z$；$R_1=0$ 时，$U_O=+U_Z$，故输出电压的调节范围是 $-U_Z\sim+U_Z$。

题 2-17 题图 2-17 是一种性能良好的实用桥式结构限幅电路。其中限幅部分电路由桥式二极管和稳压管组成。设稳压管的反向击穿电压为 U_Z，二极管的正向导通压降为 U_D。

① 试分析电路的工作原理及输出电压 $|U_O|$ 的限幅范围；

② 画出整个电路的电压传输特性。

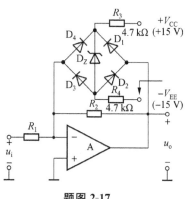

题图 2-17

【解】 ① 分析电路可知，输出电压的正向限幅值为：
$$U_O=U_{D1}+U_Z+U_{D3}=U_Z+2U_D$$
输出电压的负向限幅值为：
$$U_O=-(U_{D4}+U_Z+U_{D2})=-(U_Z+2U_D)$$
则有
$$|U_O|=\pm(U_Z+2U_D)$$

② 电路的电压传输特性为：

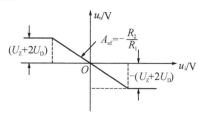

题 2-18 题图 2-18 所示稳压管电路可同时输出正、负基准电压。试求 U_{O1} 及 U_{O2} 的值。

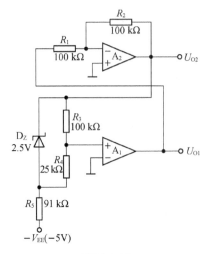

题图 2-18

【解】 分析可知 A_1 及 A_2 组成了电压负反馈电路,可列出下列方程:

$$\begin{cases} U_{O2} - \dfrac{R_3}{R_3+R_4}U_Z = \dfrac{R_5}{R_3+R_4}U_Z - V_{EE} \\ U_{O2} = -U_{O1} \end{cases}$$

解得:

$$U_{O1} = -\frac{R_3+R_5}{R_3+R_4}U_Z + V_{EE} = -2.5 \times \frac{191}{125} + 5 = 1.18(\text{V})$$

$$U_{O2} = -U_{O1} = -1.18 \text{ V}$$

题 2-19 无需采用稳压管且限幅值可任意设置的双向限幅电路如题图 2-19 所示,设图中 A 为理想运放,D_1、D_2 的阈值电压为 0.5 V。

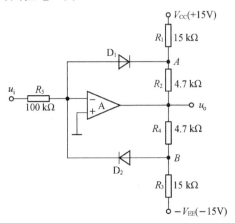

题图 2-19

① 试分析电路的工作原理;

② 画出电路的电压传输特性,并求出图示参数下正、负限幅动作点电压值。

【解】 ① 电路工作原理分析如下:

$u_i=0$ 时,$u_o=0$ V,$u_A=\dfrac{4.7}{15+4.7}\times 15=3.58$(V),$u_B=-3.58$ V。

$u_i>0$ 时,$u_o<0$,u_A 随 u_o 下跳到 -0.5 V(设 D_1 阈值为 0.5 V)使 D_1 导通、D_2 截止,$u_o=-\dfrac{R_2}{R_5}u_i$。

u_i 继续增加时,输出电压 u_o 将以斜率 $-\dfrac{R_2}{R_5}=-\dfrac{4.7}{100}$ 缓慢下降,可视为负向限幅。

$u_i<0$ 时,$u_o>0$,u_B 随 u_o 上跳到 $+0.5$ V 使 D_2 导通、D_1 截止,$u_o=-\dfrac{R_4}{R_5}u_i$。

u_i 继续负向增加时,输出电压 u_o 将以斜率 $\dfrac{R_4}{R_5}=\dfrac{4.7}{100}$ 缓慢上升,可视为正向限幅。

② 由以上分析已知:$u_i=0$ V 时 $u_o=0$ V、$u_A=3.58$ V、$u_B=-3.58$ V。又因为已知二极管的阈值电压为 0.5 V,所以当 $u_o<-4.08$ V 时,D_1 将由截止变为导通,对 u_o 负向限幅。同理,当 $u_o>4.08$ V 时,D_2 将由截止变为导通,对 u_o 正向限幅。由此画出电路的电压传输特性,如下图所示,对应的动作点电压分别为 $u_o=\pm 4.08$ V。

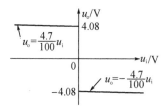

题 2-20 题图 2-20 是按数字逻辑电平要求来设置限幅值的一个实用接口电路。图中二极管(设阈值 $U_r=0.6$ V)和电阻组成限幅环节,集成运放 A 采用 ± 15 V 电源供电。试求:

① 输出电压 u_o 的表达式;

② 证明在图示参数下输出电压的限幅范围为 -0.6 V$\sim +4.6$ V。

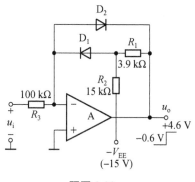

题图 2-20

【解】 ① $u_i>0$ 时,$u_o<0$,使 D_2 导通,D_1 截止,$u_o=-U_{D2}$;

$u_i<0$ 时,$u_o>0$,使 D_1 导通,D_2 截止,$u_o=U_{D1}+R_1\dfrac{u_o+V_{EE}}{R_1+R_2}$,即

$$u_o=\dfrac{R_1}{R_2}V_{EE}+U_{D1}\left(1+\dfrac{R_1}{R_2}\right)$$

故有 $u_o = \begin{cases} -U_{D2} & u_i > 0 \\ \dfrac{R_1}{R_2}V_{EE} + U_{D1}\left(1 + \dfrac{R_1}{R_2}\right) & u_i < 0 \end{cases}$

② 代入各项参数得：$\begin{cases} u_o = -0.6\ \text{V} & u_i > 0 \\ u_o \approx 4.6\ \text{V} & u_i < 0 \end{cases}$

即输出电压限幅范围为 $-0.6\ \text{V} \sim +4.6\ \text{V}$。

题 2-21 检测两束入射光光强是否平衡的检测电路如题图 2-21 所示。试分析电路工作原理并求出输出电压 u_O 与输入光电流 I_{sh} 的关系式。

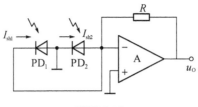

题图 2-21

【解】 $u_O = -(I_{sh2} - I_{sh1})R$，当两束入射光强平衡时，$I_{sh2} = I_{sh1}$ 使 $u_O = 0$。当两束入射光强不平衡时，若 $I_{sh1} > I_{sh2}$，则 $u_O > 0$；若 $I_{sh1} < I_{sh2}$，则 $u_O < 0$。

题 2-22 光强-对数电压变换电路如题图 2-22。

① R_1 为何采用高值电阻？

② 求输出电压 u_O 与输入光电流 I_{sh} 的关系式（设 D 管的 I_s 可忽略）。

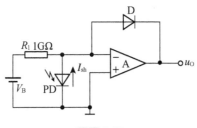

题图 2-22

【解】 ① V_B 及 R_1 的作用是为 PD 提供微小的静态偏置电流 I（$I = V_B/R_1$），从而使静态（无光照）时输出电压 $u_O = -u_D$。R_1 采用高值电阻的目的是防止动态（有光照）时对光电流 I_{sh} 的分流。

② $i_D = I_s(e^{\frac{u_D}{U_T}} - 1) \approx I_s(e^{\frac{u_D}{U_T}})$，

即 $u_D = (\ln i_D - \ln I_s)U_T \approx (\ln i_D)U_T$

光照时，$i_D = I_{sh}$，$u_O = -[u_D + (\ln I_{sh})U_T]$

题 2-23 利用 PN 结（−2.2 mV/℃）温度系数的二极管测温电路如题图 2-23 所示。

① 试分析电路的工作原理，并指出 R_{W1} 及 R_{W2} 分别有何调整作用；

② 欲使电路输出电压 U_O 达到 100 mV/℃ 的测温灵敏度，R_{W2} 应如何调节？

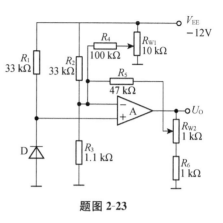

题图 2-23

【解】 ① 分析电路可知，运放反相输入端电压由 $U_N = -V_{EE}\dfrac{R_3}{R_2+R_3}$ 确定，R_1 为测温二极管 D 提供偏置电流。室温（25 ℃）时调节 R_{W1} 可使输出电压 $U_O = 0$ V。运放 A 组成的放大器的电压放大倍数为：$A_{uf} = \left(1 + \dfrac{R_5 + R_{W2}(1-K)}{R_2 // R_3}\right)$，其中 $K = 0 \sim 1$，改变 K 的大小（即调节 R_{W2}）可改变 A_{uf} 以调节测温灵敏度。

② 欲使 U_O 达到 100 mV/℃ 的测温灵敏度，应调节 R_{W2} 使 $|A_{uf}| = \dfrac{100 \text{ mV}}{2.2 \text{ mV}} = 45.5$。

题 2-24 题图 2-24 电路是能够在 0～60 ℃ 范围内输出 ±2 mV/℃ 线性变化补偿电压的温度补偿电路。已知其中 LM385 能够在 0～70 ℃ 额定温度范围内保持稳压值不变。试分析电路工作原理并说明 R_{W1} 及 R_{W2} 分别起何调整作用。

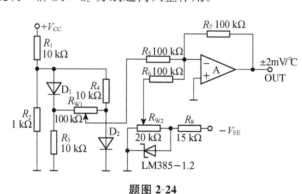

题图 2-24

【解】 题图 2-24 电路中利用 U_{D1} 及 U_{D2} −2.2 mV/℃ 的温度系数，在 R_{W1} 左、右两端分别获得 +2.2 mV/℃ 和 −2.2 mV/℃ 的电压变化值，其中 R_{W1} 用于调整输出温度补偿电压 U_{OUT} 的极性及大小，R_{W2} 用于对初始输出电压调零。操作方法是：首先在当前环境温度下将 R_{W1} 的滑动端置于中间位置（$R_{W1}/2$ 处）并调节 R_{W2} 使 OUT 端输出电压为 0 V。然后再次向左或向右调节 R_{W1} 的滑动端，便可获得 +2 mV/℃ ～ −2 mV/℃ 范围内任意所需极性及大小的温度补偿电压 U_{OUT}。

第 3 章 半导体三极管及其应用

3.1 内容归纳

本章是三极管线性运用电路的重要基础,其内容要点如下:

1. 从结构上划分,三极管分为 NPN 型和 PNP 型两大类。尽管两者电压、电流的实际方向相反,但都具有共同的结构特点,即:都是"三层两结"结构,基区层宽薄且掺杂浓度低,发射区掺杂浓度高。这一结构特点是三极管具有放大能力的关键,也是区别于两个"背靠背"连接的二极管的关键。

2. 三极管本质上是一个由基-射极间电压控制集电极电流的电导器件。描述这种电压、电流关系的最基本的公式是 Ebers-Moll 方程,它是导出其他一切三极管级间电压、电流关系式的基础。

3. 三极管中的电流包含了"多子"和"少子"两种电流成分(所以也称作双极型器件),"少子"成分电流虽然数值很小,却是影响三极管温度稳定性的重要因素之一。此外三极管的 U_{BE} 和 β 具有各自的温度系数,也是影响三极管温度稳定性的重要因素。

4. 引进直流负反馈及温度补偿元件是建立三极管稳定偏置的基本措施。分压式偏置电路是其中最常见的典型偏置之一,它不仅可用于三极管,也可用于其他放大器件。

5. 微变等效电路法是定量分析小信号放大器的基本方法。微变等效电路模型虽然用于电路的动态分析,但其参数本身却是与电路的静态工作点直接相关的,或者说是建立在确定的静态工作点基础之上的。

6. 共发射极、共基极、共集电极三种基本组态的放大电路是一切三极管放大电路的基础。在直流偏置基本相同的前提下对三种基本组态放大电路加以比较,各自特点如表 3-1 所示。

7. 三极管组合放大电路的静态分析主要依据直流电路的分析方法进行。通过合理近似可简化分析,方便求解。动态分析仍采用微变等效电路法,并可通过前后级阻抗关系的折合,最终归结为对逐个单级放大器的分析。

8. 对深度负反馈三极管组合放大电路,可采用近似估算法求解增益。准确判断负反馈类型,合理利用电路中存在的"虚短接"现象,是进行正确估算的关键。

9. 三极管放大电路频带宽度主要与其高频特性相关,电路的信号源内阻及三极管的极间电容是决定上限截止频率 f_H 的主要因素。电路高频特性的分析必须采用三极管高频等效电路模型,并简化成以三极管为界的一阶 RC 电路求解。理论分析表明,放大器的增益带宽积近似为一常数。因此,提高增益和带宽通带必须兼顾。

10. 三极管与运放相结合,实现某些特定功能或改善电路某些性能,代表了三极管应用电路的一个发展方向。这类电路通常在负反馈条件下运行,宜根据反馈类型及三极管和运放的各自特点进行综合分析。

表 3-1 三种基本组态放大电路的比较

电路组态	电压增益及相位关系	输入电阻	输出电阻	高频特性
共发射极	$\dot{A}_u = -\dfrac{\beta R_C}{r_{be}}$ 电压增益高 输入输出反相	$R_i = R_B // r_{be}$ $R_B = R_1 // R_2$ 输入电阻居中	$R_o \approx R_C$ 输出电阻一般	一般
共基极	$\dot{A}_u = \dfrac{\beta R_C}{r_{be}}$ 电压增益高 输入输出同相	$R_i = R_E // \dfrac{r_{be}}{1+\beta}$ 输入电阻低	$R_o \approx R_C$ 输出电阻一般	良
共集电极	$\dot{A}_u = \dfrac{(1+\beta)R_E}{r_{be}+(1+\beta)R_E}$ 电压增益接近1 输入输出同相	$R_i = R_B //[r_{be} + (1+\beta)R_E]$ 输入电阻低	$R_o = R_E // \dfrac{r_{be}+R'_s}{1+\beta}$ $R'_s = R_s // R_B$ $R_B = R_1 // R_2$ (R_s 是信号源内阻) 输出电阻低	优

3.2 典型例题

【例 1】 在图 3-1 所示共射极放大器中,所有元件参数与静态分析时设定的参数相同,耦合及旁路电容足够大。当输入端加接内阻 $R_s = 300\ \Omega$ 的信号源 u_s 时,试求:

(1) 电路的电压放大倍数 $A_u = u_o / u_i$,源增益 $A_{us} = u_o / u_s$ 及输出阻抗 R_o。

(2) 去除电路中的射极旁路电容 C_E,重新求 A_u、A_{us}、R_o。

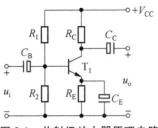

图 3-1 共射极放大器原理电路

【解】 由静态分析已求得

$$\begin{cases} I_B = 0.013 \text{ mA} \\ I_C = 1.29 \text{ mA} \\ U_{CE} = 6.84 \text{ V} \end{cases}$$

由此可得

$$r_{be} = r_{bb'} + (1+\beta)\frac{U_T}{I_E} = 200 + (1+99) \times \frac{26}{1.3} = 2.2 \text{ (k}\Omega\text{)}$$

取 $U_A = 50$ V，则

$$r_{ce} = \frac{U_{CE} + U_A}{I_C} = 44.1 \text{ (k}\Omega\text{)}$$

可见 $r_{ce} \gg R_C$，其影响可忽略不计。由此求出

(1) $\quad A_u = u_o/u_i = -\beta R_C/r_{be} = -99 \times 3/2.2 = -135$

$R_i = R_B // r_{be} = 8.25 \times 2.2/(8.25+2.2) = 1.74 \text{ (k}\Omega\text{)}$

$A_{us} = u_o/u_s = \dfrac{u_o}{u_i} \cdot \dfrac{u_i}{u_s} = A_u \cdot \dfrac{R_i}{R_s + R_i} = -135 \times 0.85 = -114.7$

$R_o = r_{ce} // R_C \approx R_C = 3 \text{ k}\Omega$

(2) 去除 C_E 后，电路的静态工作点及 r_{be}、r_{ce} 都不变，交流通路及放大器的微变等效电路如图 3-2(a)和(b)所示。

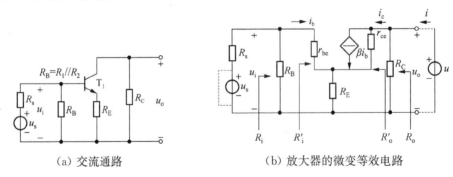

(a) 交流通路   (b) 放大器的微变等效电路

图 3-2 放大器的交流通路及微变等效电路

由图 3-2(b)写出 $\qquad u_o = -\beta i_b R_C$

$$u_i = i_b r_{be} + (1+\beta) i_b R_E$$

$$A_u = \frac{u_o}{u_i} = -\frac{\beta R_C}{r_{be} + (1+\beta) R_E} = -\frac{99 \times 3}{2.2 + (1+99) \times 1} = -2.9$$

$$R_i = R_B // R_i'$$

$$R_i' = \frac{u_i}{i_b} = r_{be} + (1+\beta) R_E$$

$$R_i = R_B // R_i' = R_B // [r_{be} + (1+\beta) R_E]$$
$$= 8.25 // 102.2 = 7.6 \text{ k}\Omega$$

$$A_{us} = A_u \cdot \frac{R_i}{R_s + R_i} = -2.8$$

$$R_o \approx R_o' // R_C$$

其中,R_o' 是输入信号源短路(含 $u_s = 0$,保留内阻 R_s)时,输出端外加电压 u 与其所产生的电流 i_c 之比,即 $R_o'\big|_{u_s=0} = u/i_c$。据图 3-2(b)可列出以下方程:

$$\begin{cases} i_b(r_{be} + R_B') + (i_b + i_c) R_E = 0, \; R_B' = R_B // R_s \\ u_o - (i_c - \beta i_b) r_{ce} - (i_b + i_c) R_E = 0 \end{cases}$$

在 $R_E \ll r_{ce}$ 条件(一般均能满足)下解得:

$$R_o' \approx r_{ce} \left(1 + \frac{\beta R_E}{r_{be} + R_B' + R_E}\right) \tag{3.23}$$

$$R_o' = 44.1 \times \left(1 + \frac{99 \times 1}{2.2 + 0.29 + 1}\right) = 1.3 \text{ (M}\Omega\text{)}$$

$$R_o = R_o' // R_C = 1.3 \text{ M}\Omega // 3 \text{ k}\Omega \approx 3 \text{ k}\Omega$$

可见去除 C_E 后,由于 R_E 对交流信号产生电流串联负反馈,使整个放大器的电压放大倍数下降了,但放大器的输入阻抗得以提高。此外,放大倍数的稳定性得到了提高。

【例2】 设图 3-1 所示共射极放大器的参数为:$R_s = 100 \text{ }\Omega$, $r_{bb'} = 200 \text{ }\Omega$, $R_C = 3 \text{ k}\Omega$, $R_1 = 47 \text{ k}\Omega$, $R_2 = 10 \text{ k}\Omega$, $R_E = 1 \text{ k}\Omega$, $\beta = 99$, $I_C = 1.3 \text{ mA}$, 和 $f_T = 250 \text{ MHz}$, $C_{b'c} = 3 \text{ pF}$。试计算它的中频段电压增益 A_{uo} 及上限截止频率 f_H。

【解】 根据教材"3.4.1 三极管的高频等效电路"内容有

$$r_{b'e} = (1 + \beta_0) \frac{U_T}{I_E} = (1+99) \times \frac{26 \text{ mV}}{1.3 \text{ mA}} = 2 \text{ k}\Omega$$

根据教材"3.4.2 三极管的高频参数"内容有

$$C_{b'e} = \frac{g_m}{2\pi f_T} - C_{b'c} = \frac{\frac{1.3 \text{ mA}}{26 \text{ mV}}}{2\pi \times 250 \times 10^6 \text{ Hz}} - 3 \text{ pF} = 28.8 \text{ pF}$$

根据教材"3.4.3 共射极放大器的高频特性"内容有

$$C_M = (1+g_m R_C)C_{b'c} + C_{b'e} = 151 \times 3 \text{ pF} + 28.8 \text{ pF} = 481.8 \text{ pF}$$

据题中参数求得 $R_B = R_1 /\!/ R_2 = 8.25 \text{ k}\Omega$，满足 $R_B \gg R_s$，$R_B \gg r_{be}$ 条件，分别求得

$$A_{uo} = -g_m R_C \frac{r_{b'e}}{R_s + r_{bb'} + r_{b'e}} = -\frac{1.3 \text{ mA} \times 3 \text{ k}\Omega}{26 \text{ mV}} \times \frac{2 \text{ k}\Omega}{0.1 \text{ k}\Omega + 0.2 \text{ k}\Omega + 2 \text{ k}\Omega}$$

$$= -130$$

$$f_H = \frac{1}{2\pi[(R_s + r_{bb'}) /\!/ r_{b'e}]C_M} = \frac{1}{2\pi[(0.1 \text{ k}\Omega + 0.2 \text{ k}\Omega) /\!/ 2 \text{ k}\Omega] \times 481.8 \text{ pF}}$$

$$= 1.26 \text{ MHz}$$

【例 3】 试设计一个对数放大器，输入电压从 1 mV 到 10 V。当 $u_s = 0.1$ V 时 $u_o = 0$ V，输入每增加十倍程，输出电压增大 1 V。

【解】 采用图 3-3 所示的电路。取 $R_1 = 10 \text{ k}\Omega$，则不同输入电压对应的 i_{C1} 值为

输入电压	1 mV	10 mV	0.1 V	1 V	10 V
i_{C1}	100 nA	1 μA	10 μA	100 μA	1 mA

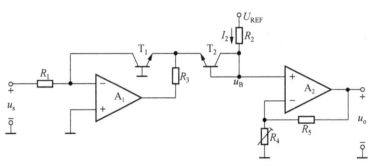

图 3-3 具有温度补偿的对数放大器

取 $U_{REF} = V_{CC} = 12 \text{ V}$，当 $u_s = 0.1 \text{ V}$ 时，欲使 $u_o = 0 \text{ V}$，则应有 $I_2 = 10 \text{ μA}$。由此得 $R_2 = 12 \text{ V}/10 \text{ μA} = 1.2 \text{ M}\Omega$。

欲使输入 u_s 每增加十倍程，输出增大 1 V，则由下式

$$u_o = -2.3 U_T (1 + R_5/R_4) \lg K_1 u_s$$

取 $U_T = 26 \text{ mV}$ 得

$$1000 \text{ mV} = 60 \text{ mV} \times \left(1 + \frac{R_5}{R_4}\right)$$

所以可求得

$$1 + R_5/R_4 = 16.7 \quad \text{或} \quad R_5/R_4 = 15.7$$

在图 3-3 中，取 R_4 为 1 kΩ、+0.33%/℃ 温度系数的热敏电阻，取 R_5 为 15 kΩ 电阻与 1 kΩ 电位器相串联。取 R_3 为 1～2 kΩ。电路的特性如图 3-4 所示。

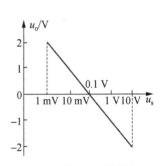

图 3-4 对数放大器特性

3.3 习题详解

题 3-1 两个"背靠背"连接的二极管能否取代三极管起放大作用,为什么?

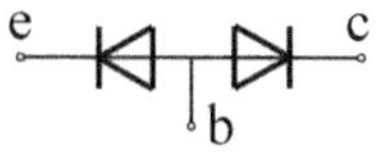

题图 3-1

【解】 两个"背靠背"连接的二极管虽然也是 PNP 结构,但却不具备"基区很薄且掺杂浓度低"的结构要求,所以不能够像三极管那样具有放大作用。

题 3-2 有两只三极管,一只管子的 $\beta=150$,$I_{CEO}=200\ \mu\text{A}$,另一只管子的 $\beta=50$,$I_{CEO}=10\ \mu\text{A}$,其他参数两管相同。试问哪只管子性能好,为什么?

【解】 三极管电流受温度影响的主要原因是 I_{CBO}、U_{BE} 及 β 受温度变化的影响,本题中两个三极管的 I_{CBO} 分别为 $I_{CBO1}=\dfrac{I_{CEO1}}{(1+\beta_1)}=\dfrac{200}{151}=1.33\ \mu\text{A}$,$I_{CBO2}=\dfrac{10}{51}=0.2\ \mu\text{A}$,所以后者的性能优于前者。

题 3-3 在题图 3-3 所示放大电路中,三极管的 $\beta=40$,$U_{BE}=0.7\ \text{V}$,各电容都足够大,试回答下列问题:

① 求静态工作点;

② 求中频段电压放大倍数 $\dot{A}_{us}=\dot{U}_o/\dot{U}_s$;

③ 求电路的输入电阻 R_i 及输出电阻 R_o。

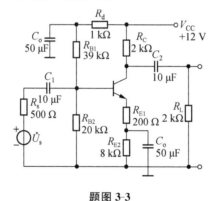

题图 3-3

【解】 ① 求静态工作点:

$$U_B = V_{CC} \cdot \frac{R_{B2}}{R_d+R_{B1}+R_{B2}} = 12 \times \frac{20}{1+39+20} = 4(\text{V})$$

$$I_C \approx I_E = \frac{U_B - U_{BE}}{R_{E1}+R_{E2}} = \frac{3.3}{8.2} = 0.4(\text{mA})$$

$$I_B = \frac{I_C}{\beta} = \frac{0.4}{4.0} = 10(\mu\text{A})$$

$$U_{CE} = V_{CC} - I_C(R_C + R_{E1} + R_{E2}) = 12 - 4.08 = 7.92(\text{V})$$

② 交流通路及微变等效电路如下：

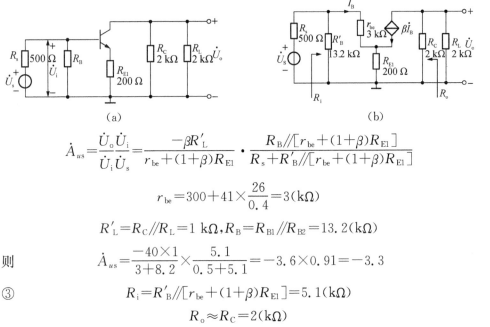

(a)　　　(b)

$$\dot{A}_{us}=\frac{\dot{U}_o}{\dot{U}_i}\frac{\dot{U}_i}{\dot{U}_s}=\frac{-\beta R'_L}{r_{be}+(1+\beta)R_{E1}}\cdot\frac{R_B//[r_{be}+(1+\beta)R_{E1}]}{R_s+R'_B//[r_{be}+(1+\beta)R_{E1}]}$$

$$r_{be}=300+41\times\frac{26}{0.4}=3(\text{k}\Omega)$$

$$R'_L=R_C//R_L=1\text{ k}\Omega,\ R_B=R_{B1}//R_{B2}=13.2(\text{k}\Omega)$$

则

$$\dot{A}_{us}=\frac{-40\times1}{3+8.2}\times\frac{5.1}{0.5+5.1}=-3.6\times0.91=-3.3$$

③

$$R_i=R'_B//[r_{be}+(1+\beta)R_{E1}]=5.1(\text{k}\Omega)$$

$$R_o\approx R_C=2(\text{k}\Omega)$$

题 3-4　电路如题图 3-4 所示。三极管的 $\beta=100$，所有电容足够大。试求电压放大倍数 $\dot{A}_u=\dot{U}_o/\dot{U}_i$ 及 $\dot{A}_{us}=\dot{U}_o/\dot{U}_s$。

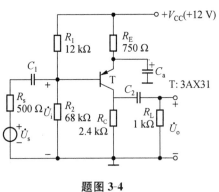

题图 3-4

【解】

$$I_E=I_C=\frac{V_{CC}-U_E}{R_E}$$

$$U_E=V_{CC}\frac{R_2}{R_1+R_2}-U_{BE}=10.2+0.3=10.5(\text{V})$$

则

$$I_E=\frac{12-10.5}{0.75}=2(\text{mA})$$

$$r_{be}=r_{bb'}+(1+\beta)\frac{U_T}{I_E}=300+101\times\frac{26}{2}=1.61(\text{k}\Omega)$$

放大器的交流通路及微变等效电路如下：

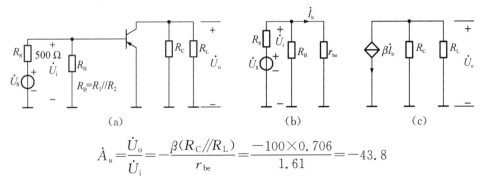

(a)　　　(b)　　　(c)

$$\dot{A}_u=\frac{\dot{U}_o}{\dot{U}_i}=-\frac{\beta(R_C//R_L)}{r_{be}}=\frac{-100\times0.706}{1.61}=-43.8$$

$$\dot{A}_{us}=\frac{\dot{U}_o}{\dot{U}_s}=\frac{\dot{U}_o}{\dot{U}_i}\frac{\dot{U}_i}{\dot{U}_s}=\dot{A}_u\frac{\dot{U}_i}{\dot{U}_s}=-43.8\times\frac{R_B//r_{be}}{R_s+R_B//r_{be}}=-43.8\times\frac{1.4}{0.5+1.4}=-32.3$$

题 3-5 用理想变压器耦合输入信号的共基极放大器如题图 3-5。

① 求静态工作点；

② 求电压放大倍数 $\dot{A}_u=\dot{U}_o/\dot{U}_i$；

③ 求输入电阻 R_i 及输出电阻 R_o。

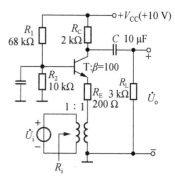

题图 3-5

【解】 ① $U_B=V_{CC}\dfrac{R_2}{R_1+R_2}=10\times\dfrac{10}{78}=1.28(\text{V})$

$I_E=\dfrac{U_B-U_{BE}}{R_E}=\dfrac{1.28-0.7}{0.2}=2.9(\text{mA}),I_C\approx I_E=2.9\text{ mA}$

$U_{CE}=V_{CC}-I_C(R_C+R_E)=10-2.9\times 2.2=3.62(\text{V})$

② 交流通路及微变等效电路如下：

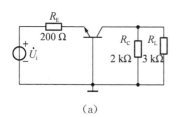
(a)

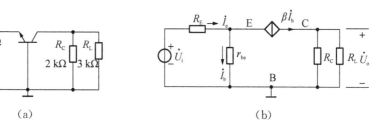
(b)

$\dot{U}_o=\beta\dot{I}_b(R_L//R_C),\dot{U}_i=(1+\beta)\dot{I}_b\cdot R_E+\dot{I}_b r_{be}=\dot{I}_b[(1+\beta)R_E+r_{be}]$

$$\dot{A}_u=\frac{\dot{U}_o}{\dot{U}_i}=\frac{\beta(R_C//R_L)}{(1+\beta)R_E+r_{be}}$$

$r_{be}=300+(1+\beta)\dfrac{26}{2.9}=1.2(\text{k}\Omega)$

则 $\dot{A}_u=\dfrac{100\times 1.2}{101\times 0.2+1.2}=5.6$

③ $R_i=n^2\dfrac{\dot{U}_i}{\dot{I}_e}=n^2\times(R_E+r_{eb})=1^2\times 212\text{ }\Omega=212\text{ }\Omega(n\text{ 为变压器变比})$

$R_o=R_C=2\text{ k}\Omega$

题 3-6 图示电路中三极管的静态电流 $I_C=1\text{ mA},\beta=100$。

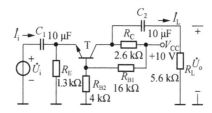

题图 3-6

① 求电压放大倍数 $\dot{A}_u = \dot{U}_o / \dot{U}_i$；

② 求电流放大倍数 $\dot{A}_i = \dot{I}_L / \dot{I}_i$；

③ 求输入电阻 R_i 及输出电阻 R_o。

【解】 画出放大器的交流通路及微变等效电路如下：

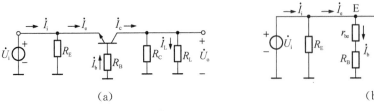

① $$\dot{A}_u = \frac{\dot{U}_o}{\dot{U}_i} = \frac{\beta(R_C // R_L)}{R_B + r_{be}} = \frac{100 \times 1.8}{3.2 + 2.9} = 29.5$$

其中，$r_{be} = 300 + 101 \times \dfrac{26}{1} = 2.9 \text{ (k}\Omega\text{)}$。

$$R_B = R_{B1} // R_{B2} = \frac{16 \times 4}{20} = 3.2 \text{ (k}\Omega\text{)}$$

② $$\dot{A}_i = \frac{\dot{I}_L}{\dot{I}_i} = \frac{\dot{U}_o / R_L}{\dot{U}_i / R_i} = \frac{\dot{U}_o}{\dot{U}_i} \cdot \frac{R_i}{R_L}$$

$$R_i = R_E // \frac{r_{be} + R_B}{1 + \beta} = 57 \text{ (}\Omega\text{)}$$

$$\dot{A}_i = \dot{A}_u \frac{R_i}{R_L} = 29.5 \times \frac{57 \text{ }\Omega}{5\,600 \text{ }\Omega} = 0.3$$

③ $R_o = R_C = 2.6 \text{ k}\Omega,\ R_i = 57 \text{ }\Omega$

题 3-7 题图 3-7 电路的两个输出端分别接负载 R_{L1}、R_{L2}。若三极管的 $\beta = 80$，试求：

① 静态工作电流 I_C；

② 电压放大倍数 $\dot{A}_{u1} = \dot{U}_{o1}/\dot{U}_i$ 及 $\dot{A}_{u2} = \dot{U}_{o2}/\dot{U}_i$；

③ 两个输出端的输出电阻 R_{o1} 及 R_{o2}。

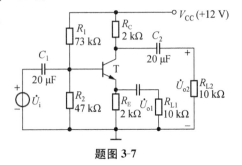

题图 3-7

【解】 题图 3-7 的交流通路如下：

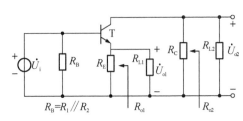

①
$$U_B = V_{CC} \frac{R_2}{R_1+R_2} = 12 \times 0.39 = 4.7(V)$$

故
$$I_C = I_E = \frac{U_B - U_{BE}}{R_E} = \frac{4.7-0.7}{2} = 2(mA)$$

②
$$\dot{A}_{u1} = \frac{\dot{U}_{o1}}{\dot{U}_i} = \frac{(1+\beta)(R_E//R_{L1})}{r_{be}+(1+\beta)(R_E//R_{L1})} = \frac{81 \times 1.67}{1.35+81 \times 1.67} = 0.99$$

其中，
$$r_{be} = 300 + 81 \times \frac{26}{2} = 1.35(k\Omega)$$

$$\dot{A}_{u2} = \frac{\dot{U}_{o2}}{\dot{U}_i} = -\frac{\beta(R_C//R_{L2})}{r_{be}+(1+\beta)(R_E//R_{L1})} = -\frac{80 \times 1.67}{1.35+81 \times 1.67} = -0.99$$

③ $R_{o1} = R_E // \frac{r_{be}}{1+\beta} = 17 \ \Omega, R_{o2} = R_C = 2 \ k\Omega$。

题 3-8 集-基偏置放大电路如题图 3-8 所示。已知三极管 $\beta=100$，所有电容容量足够大。求：

① 静态工作点；

② 电压放大倍数 $\dot{A}_u = \dot{U}_o / \dot{U}_i$。

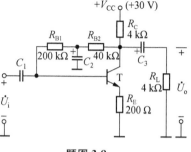

题图 3-8

【解】 题图 3-8 的直流及交流通路如下：

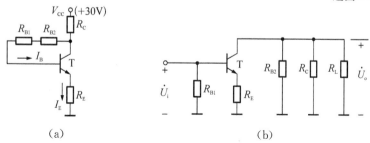

① 列出回路电压方程：

$$V_{CC} = I_E \cdot R_C + \frac{I_E}{1+\beta}(R_{B1}+R_{B2}) + U_{BE} + I_E R_E$$

则
$$I_E = \frac{V_{CC}-U_{BE}}{R_C+R_E+\frac{R_{B1}+R_{B2}}{1+\beta}} = \frac{29.3}{6.6} = 4.4(mA)$$

$$I_B = \frac{I_E}{1+\beta} \approx 44 \ \mu A, I_C = I_E - I_B \approx 4.4 \ mA, U_{CE} = V_{CC} - I_E(R_C+R_E) = 11.5 \ V$$

② $\dot{A}_u = \frac{\dot{U}_o}{\dot{U}_i} = -\frac{\beta(R_{B2}//R_C//R_L)}{r_{be}+(1+\beta)R_E}$，其中 $r_{be} = 300+(1+\beta)\frac{U_T}{I_E} = 0.9 \ k\Omega$

故
$$\dot{A}_u = \frac{-100 \times 1.9}{0.9+101 \times 0.2} = -9$$

题 3-9 题图 3-9 所示组合放大器电路中,$I_{C1}=I_{C2}$,$\beta_1=\beta_2=\beta=70$,$U_{BE}=0.6$ V,计算:

① 电压放大倍数 $\dot{A}_u=\dot{U}_o/\dot{U}_i$;

② 输入电阻 R_i 及输出电阻 R_o。

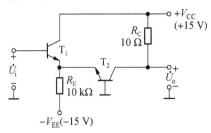

题图 3-9

【解】① $2I_{C2}=\dfrac{-U_{BE2}+V_{EE}}{R_E}=\dfrac{14.4}{10}=1.44(\text{mA})$

则 $I_{C1}=I_{C2}=0.72$ mA,$r_{be1}=r_{be2}=300+71\times\dfrac{26}{0.72}=2.86(\text{k}\Omega)$

$$\dot{A}_u=\dfrac{\dot{U}_o}{\dot{U}_i}=\dfrac{\dot{U}_{o1}}{\dot{U}_i}\cdot\dfrac{\dot{U}_o}{\dot{U}_{o1}}=\dot{A}_{u1}\cdot\dot{A}_{u2},\dot{A}_{u1}=\dfrac{(1+\beta)(R_E//R_{i2})}{r_{be1}+(1+\beta)(R_E//R_{i2})}$$

其中,$R_{i2}=\dfrac{r_{be2}}{1+\beta}=40\ \Omega$

$$\dot{A}_{u1}=\dfrac{71\times0.04}{2.86+71\times0.04}=0.5,\dot{A}_{u2}=+\dfrac{\beta R_C}{r_{eb}}=+\dfrac{70\times0.01}{\dfrac{2.86}{71}}=17$$

$$\dot{A}_u=\dot{A}_{u1}\cdot\dot{A}_{u2}=0.5\times17=8.5$$

② $R_i=r_{be1}+(1+\beta)\left(R_E//\dfrac{r_{be2}}{1+\beta}\right)=5.7\ \text{k}\Omega,R_o=R_C=10\ \Omega$

题 3-10 组合放大电路如题图 3-10 所示。设各三极管参数相同,$U_{BE}=0.6$ V,$\beta=100$,所有电容足够大。

① 求静态工作电流 I_{C1}、I_{C2} 和 I_{C3}(设 $T_1\sim T_3$ 的 I_B 均可忽略不计);

② 求电压放大倍数 $\dot{A}_u=\dot{U}_o/\dot{U}_i$;

③ 求输出电阻 R_o。

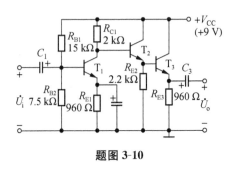

题图 3-10

【解】① $I_{C1}=I_{E1}=\dfrac{U_{B1}-U_{BE1}}{R_{E1}}$,其中 $U_{B1}=V_{CC}\dfrac{R_{B2}}{R_{B1}+R_{B2}}=9\times\dfrac{7.5}{15+7.5}=3(V)$

于是
$$I_{C1}=\dfrac{3-0.6}{0.96}=2.5(mA)$$

$$I_{C2}=\dfrac{V_{CC}-I_{C1}\cdot R_{C1}-U_{BE2}}{R_{E2}}=\dfrac{9-2.5\times2-0.6}{2.2}=1.55(mA)$$

$$I_{C3}=I_{E3}=\dfrac{V_{CC}-I_{C1}\cdot R_{C1}-2U_{BE}}{R_{E3}}=\dfrac{9-2.5\times2-1.2}{0.96}=2.92(mA)$$

② 先计算各管的 r_{be}：

$$r_{be1}=300+101\times\dfrac{26}{2.5}=1.35(k\Omega),\ r_{be2}=300+101\times\dfrac{26}{1.55}=1.99(k\Omega)$$

$$r_{be3}=300+101\times\dfrac{26}{2.92}=1.20(k\Omega)$$

$$\dot{A}_u=\dfrac{\dot{U}_o}{\dot{U}_i}=\dot{A}_{u1}\cdot\dot{A}_{u2}\cdot\dot{A}_{u3}$$

其中 $\dot{A}_{u1}=-\dfrac{\beta(R_{C1}//R_{i2})}{r_{be1}}$, $R_{i2}=r_{be2}+(1+\beta)R_{i3}$, $R_{i3}=r_{be3}+(1+\beta)R_{E3}$

代入各参数求得：

$$R_{i3}=98.2\ k\Omega,\ R_{i2}=9.92\ M\Omega,\ \dot{A}_{u1}=-148.15$$

$$\dot{A}_{u2}=\dfrac{(1+\beta)R_{i3}}{r_{be2}+(1+\beta)R_{i3}}=\dfrac{101\times98.2}{1.99+101\times98.2}=1$$

$$\dot{A}_{u3}=\dfrac{(1+\beta)R_{E3}}{r_{be3}+(1+\beta)R_{E3}}=\dfrac{101\times0.96}{1.2+101\times0.96}=0.99$$

∴ $\dot{A}_u=\dot{A}_{u1}\dot{A}_{u2}\dot{A}_{u3}=-146.7$

③ $R_{o1}=R_{C1}=2\ k\Omega,\ R_{o2}=\dfrac{R_{o1}+r_{be2}}{1+\beta}//R_{E2}=\dfrac{2+1.99}{101}//2.2=39(\Omega)$

$$R_o=\dfrac{R_{o2}+r_{be3}}{1+\beta}//R_{E3}=12\ \Omega$$

题 3-11 共射-共集组合放大电路如题图 3-11。设所有三极管的 $U_{BE}=0.6\ V,\beta=50,r_{ce}=200\ k\Omega$。

① 若要求 $u_s=0$ 时 $u_o=0$，则 R_6 应为多大？
② 求 T_2 组成的恒流源电路的等效内阻 $R_{o2}=$？
③ 求电压放大倍数 $\dot{A}_{us}=\dot{U}_o/\dot{U}_s$。

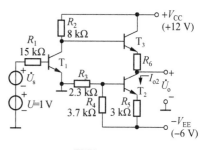

题图 3-11

【解】① $I_{C2}=I_{E2}=\dfrac{\left[V_{EE}\dfrac{R_4}{R_3+R_4}-U_{BE2}\right]}{R_5}=1\ mA$,

$$I_{C1}=\beta I_{B1}=\beta\frac{U-U_{BE1}}{R_1}=50\times\frac{1-0.6}{15}=1.33(\text{mA})$$

由

$$V_{CC}-I_{C1}\cdot R_2-U_{BE2}-I_{C2}R_6=0$$

解得

$$R_6=\frac{12-10.67-0.6}{1}=730\ \Omega$$

② 求 T_2 恒流源内阻 R_{o2} 的微变等效电路如下：其中 $\dot{U}_{o2}$ 为外加电压，$R_{o2}=\dfrac{\dot{U}_{o2}}{\dot{I}_{o2}}$。

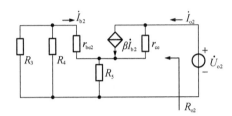

由输出回路列出：

$$\begin{cases}(\dot{I}_{o2}-\beta\dot{I}_{b2})r_{ce}+(\dot{I}_{o2}+\dot{I}_{b2})R_5=\dot{U}_{o2}\\ \dot{I}_{o2}\dfrac{R_5}{R_5+(r_{be2}+R_B)}=-\dot{I}_{b2}\quad(R_B=R_3/\!/R_4)\end{cases}$$

解得：

$$R_{o2}=\frac{\dot{U}_{o2}}{\dot{I}_{o2}}=(r_{ce}+R_5)+\frac{R_5(\beta r_{ce}-R_5)}{r_{be2}+R_B+R_5},$$

由于 $r_{ce}\gg R_5$，上式可简化为：

$$R_{o2}=r_{ce}\left[1+\frac{\beta R_5}{r_{be2}+R_B+R_5}\right],\text{其中}\ r_{be2}=300+(1+\beta)\frac{26\ \text{mV}}{I_{E2}}=1.63\ \text{k}\Omega$$

则

$$R_{o2}=200\times\left[1+\frac{50\times 3}{1.63+1.42+3}\right]=5.2(\text{M}\Omega)$$

③

$$\dot{A}_{us}=\frac{\dot{U}_o}{\dot{U}_s}=\frac{\dot{U}_i}{\dot{U}_s}\cdot\frac{\dot{U}_{o1}}{\dot{U}_i}\cdot\frac{\dot{U}_o}{\dot{U}_{o1}}=\frac{r_{be1}}{R_1+r_{be1}}\cdot\dot{A}_{u1}\cdot\dot{A}_{u3}$$

其中：

$$r_{be1}=300+51\times\frac{26}{1.33}=1.3(\text{k}\Omega)$$

$$\dot{A}_{u1}=-\frac{\beta(R_2/\!/R_{i2})}{r_{be1}}\approx -\frac{\beta R_2}{r_{be1}}=\frac{-50\times 8}{1.3}=-308$$

$$\dot{A}_{u2}\approx 1$$

所以

$$\dot{A}_{us}=\frac{1.3}{15+1.3}\times(-308)\times 1=-24.6$$

题 3-12 共射-共基组合放大电路如题图 3-12。设 $U_{BE}=0.6$ V，$\beta_1=\beta_2=\beta=180$，求静态电流 I_{C1}、I_{C2}，电压放大倍数 $\dot{A}_u$，输入电阻 R_i 及输出电阻 R_o。

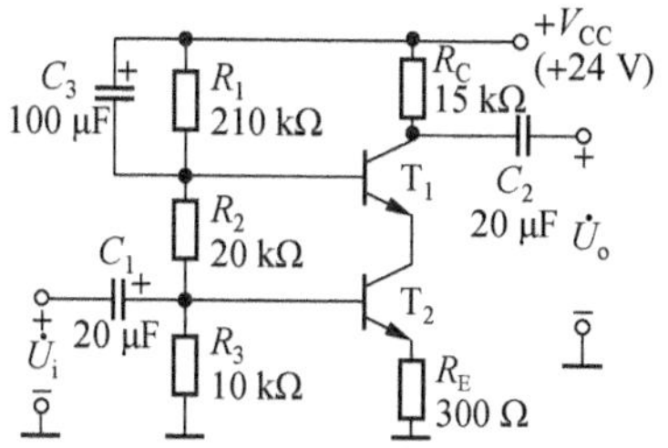

【解】 $I_{C1}=I_{C2}=\left[V_{CC}\dfrac{R_3}{R_1+R_2+R_3}-U_{BE}\right]/R_E$

$=\dfrac{1-0.6}{0.3}=1.3(\text{mA})$

题图 3-12

$$r_{be1}=r_{be2}=300+181\times\dfrac{26}{1.3}=3.9(\text{k}\Omega)$$

$$\dot{A}_u=\dfrac{\dot{U}_o}{\dot{U}_i}=\dot{A}_{u1}\dot{A}_{u2},\ \dot{A}_{u1}=\dfrac{-\beta\cdot\dfrac{r_{be1}}{1+\beta}}{r_{be2}+(1+\beta)R_E}\approx\dfrac{-3.9}{3.9+181\times0.3}=-0.07$$

$$\dot{A}_{u2}=\dfrac{\beta\cdot R_C}{r_{be1}}=\dfrac{180\times15}{3.9}=692.3$$

$$\dot{A}_u=-0.07\times692.3=-48.5$$

$$R_i=R_2/\!/R_3/\!/[r_{be2}+(1+\beta)R_E]=6.7\text{ k}\Omega/\!/58.2\text{ k}\Omega=6\text{ k}\Omega$$

$$R_o=R_C=15\text{ k}\Omega$$

题 3-13 判断题图 3-13 电路中引入级间反馈的类型，并用近似估算法求深度负反馈条件下的电压放大倍数 $\dot{A}_u=\dot{U}_o/\dot{U}_s$。

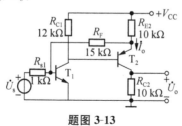

题图 3-13

【解】 题图 3-13 电路级间引入的是电流并联负反馈。

$$\dot{F}_i=\dfrac{\dot{I}_F}{\dot{I}_o}=\dfrac{R_{E2}}{R_F+R_{E2}}$$

$$\dot{A}_u=\dfrac{\dot{U}_o}{\dot{U}_s}=\dfrac{\dot{I}_o\cdot R_{C2}}{\dot{I}_F\cdot R_{s1}}=\dfrac{1}{\dot{F}_i}\cdot\dfrac{R_{C2}}{R_{s1}}=\left(1+\dfrac{R_F}{R_{E2}}\right)\dfrac{R_{C2}}{R_{s1}}=25$$

题 3-14 电路如题图 3-14 所示，

① 采用 $\dot{U}_{o1}$ 输出时该电路属于何种类型的反馈放大器？

② 采用 $\dot{U}_{o2}$ 输出时该电路属于何种类型的反馈放大器？

③ 假设为深度负反馈，求两种情况下的电压放

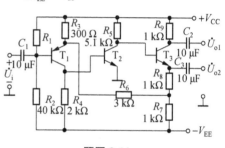

题图 3-14

大倍数。

【解】① 采用 $\dot{U}_{o1}$ 为输出时,反馈类型为电流串联负反馈。

② 采用 $\dot{U}_{o2}$ 为输出时,反馈类型为电压串联负反馈。

③ 以 $\dot{U}_{o1}$ 为输出时:$\dot{F}_R = \dfrac{\dot{U}_F}{\dot{I}_o}, \dot{U}_F = -\dot{I}_o \dfrac{R_7}{R_7+R_6+R_3} \cdot R_3$

则有
$$\dot{F}_R = \dfrac{\dot{U}_F}{\dot{I}_o} = \dfrac{-R_3 \cdot R_7}{R_3+R_6+R_7}$$

$$\dot{A}_{uF1} = \dfrac{\dot{U}_{o1}}{\dot{U}_i} = \dfrac{\dot{I}_o \cdot R_9}{\dot{U}_i} = \dfrac{1}{\dot{F}_R} \cdot R_9 = -\dfrac{R_3+R_6+R_7}{R_3 \cdot R_7} \cdot R_9 = -14.3$$

以 $\dot{U}_{o2}$ 为输出时:

$$\dot{F}_u = \dfrac{\dot{U}_F}{\dot{U}_{o2}} = \dfrac{R_7 /\!/ (R_6+R_3)}{R_8+[R_7 /\!/ (R_6+R_3)]} \cdot \dfrac{R_3}{R_3+R_6} = 0.04$$

$$\dot{A}_{uF2} = \dfrac{1}{\dot{F}_u} = 25$$

题 3-15 放大电路如题图 3-15 所示。

① 指出构成反馈网络的各元件及反馈的类型;

② 写出在深度负反馈条件下的电压放大倍数 $\dot{A}_u = \dot{U}_o / \dot{U}_s$ 的近似表达式。

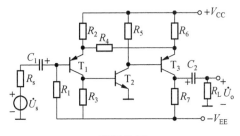

题图 3-15

【解】① 电路的反馈类型是电流串联负反馈,反馈网络由 R_6、R_2、R_4 组成。

② $\dot{F}_R = \dfrac{\dot{U}_F}{\dot{I}_o}, \dot{U}_F = \dot{I}_o \dfrac{-R_6}{R_6+R_2+R_4} \cdot R_2$

则
$$\dot{F}_R = \dfrac{-R_2 R_6}{R_2+R_4+R_6}, \dot{A}_{GSF} = \dfrac{\dot{I}_o}{\dot{U}_s} = \dfrac{\dot{I}_o}{\dot{U}_i} \cdot \dfrac{\dot{U}_i}{\dot{U}_s} = \dfrac{1}{\dot{F}_R} \cdot \dfrac{R_1}{R_s+R_1}$$

$$\dot{A}_u = \dfrac{\dot{U}_o}{\dot{U}_s} = \dfrac{\dot{I}_o (R_7 /\!/ R_L)}{\dot{U}_s} = \dot{A}_{GSF} \cdot (R_7 /\!/ R_L) = -\dfrac{R_2+R_4+R_6}{R_2 \cdot R_6} \cdot \dfrac{R_1}{R_s+R_1} \cdot \dfrac{R_7 \cdot R_L}{R_7+R_L}$$

题 3-16 反馈放大电路如题图 3-16 所示。

① 判断电路的反馈类型;

② 估算深度负反馈条件下的电压放大倍数 $\dot{A}_u = \dot{U}_o/\dot{U}_s$。

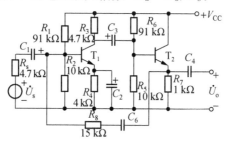

题图 3-16

【解】 ① 电路的反馈类型是电压并联负反馈。

② $$\dot{F}_G = \frac{\dot{I}_F}{\dot{U}_o}, \dot{I}_F = -\frac{\dot{U}_o}{R_8}$$

故 $$\dot{F}_G = -\frac{1}{R_8}$$

$$\dot{A}_{RF} = \frac{\dot{U}_o}{\dot{I}_i} = \frac{1}{\dot{F}_G} = -R_8, \dot{A}_u = \frac{\dot{U}_o}{\dot{U}_s} = \frac{\dot{U}_o}{\dot{I}_i} \cdot \frac{\dot{I}_i}{\dot{U}_s} = \dot{A}_{RF} \cdot \frac{1}{R_s} = -\frac{R_8}{R_s} = -3.2$$

题 3-17 为实现下列要求,题图 3-17 的电路中应在末级与最前级之间引入什么样的反馈?将答案填入括号内。

① 提高从 T_1 基极看进去的输入电阻。(接 R_F 从　　到　　);

② 接上负载 R_L 以后,电压放大倍数基本不变。(接 R_F 从　　到　　)

③ 各级静态工作点基本稳定。(接 R_F 从　　到　　)

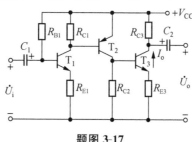

题图 3-17

【解】 ① 接 R_F 串联 C_F 从 T_3 发射极到 T_1 发射极,引入电流串联交流负反馈。

② 接 R_F 串联 C_F 从 T_3 集电极到 T_1 基极,引入电压并联交流负反馈。

③ 接 R_F 从 T_3 发射极到 T_1 发射极,引入直流负反馈。

题 3-18 共发射极放大电路如题图 3-18,已知 $r_{be}=1.6$ kΩ、$r_{bb'}=200$ Ω、$C_{b'e}=100$ pF、$C_{b'c}=3$ pF、$g_m=77$ mA/V。

① 画出放大器的高频等效电路;

② 求高频传输特性表达式及上限截止频率 f_H;

③ 若输出端接上 $C_L=0.01$ μF 负载电容,上限截止频率 f_H 将为多少?

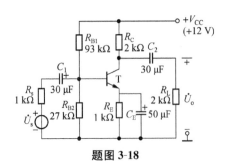

题图 3-18

【解】① 高频等效电路如图示：

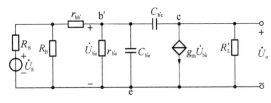

其中，$R_B = R_{B1} // R_{B2}$，$R'_L = R_C // R_L$。

② 用密勒定理简化后的等效电路为：

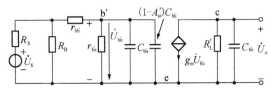

其中 $A'_u = -g_m R'_L$。

据图可写出：

$$\dot{A}_u = \frac{\dot{U}_o}{\dot{U}_s} = -g_m \frac{R_B//(r_{bb'}+r_{b'e})}{R_s + R_B//(r_{bb'}+r_{b'e})} \cdot \frac{r_{b'e}}{r_{bb'}+r_{b'e}} \cdot R'_L \cdot \frac{1}{1+j\dfrac{f}{f_{P1}}} \cdot \frac{1}{1+j\dfrac{f}{f_{P2}}}$$

其中，$f_{P1} = \dfrac{1}{2\pi[(R_s//R_B + r_{bb'})//r_{b'e}] \cdot C_M}$，$C_M = C_{b'e} + (1+g_m R'_L)C_{b'c}$，$r_{b'e} = r_{be} - r_{bb'}$

$$f_{P2} = \frac{1}{2\pi R'_L \cdot C_{b'c}}$$

因为 $f_{P2} \gg f_{P1}$

所以 $f_H = f_{P1} = \dfrac{1}{2\pi[0.97 \text{ k}\Omega//1.4 \text{ k}\Omega] \times 334 \text{ pF}} = \dfrac{1}{6.28 \times 0.57 \times 10^3 \times 0.334 \times 10^{-9}}$

$= 0.84 \text{ MHz}$

③ 若接上 $C_L = 0.01 \text{ μF}$，则：

$$f_{P2} = \frac{1}{2\pi R'_L(C_{b'c}+C_L)} = \frac{1}{6.28 \times 1 \times 10^3 \times 0.01 \times 10^{-6}} = 15.9 \text{ kHz}$$

因为接上 C_L 后 $f_{P2} \ll f_{P1}$

所以 $f_H = f_{P2} = 15.9 \text{ kHz}$

题 3-19 题图 3-19 所示放大电路中,已知三极管的 $\beta=100$, $r_{be}=2.7\ \text{k}\Omega$, $r_{bb'}=100\ \Omega$, $f_T=100\ \text{MHz}$, $C_{b'c}=6\ \text{pF}$。

① 求中频电压放大倍数 $\dot{A}_{us}=\dot{U}_o/\dot{U}_s$;

② 求电路的上限截止频率 f_H。

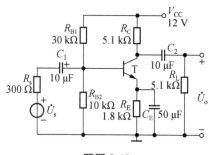

题图 3-19

【解】 ①
$$\dot{A}_{us}=\frac{\dot{U}_o}{\dot{U}_s}=\frac{\dot{U}_o}{\dot{U}_i}\cdot\frac{\dot{U}_i}{\dot{U}_s}=-\frac{\beta(R_C//R_L)}{r_{be}}\cdot\frac{r_{be}//R_{B1}//R_{B2}}{R_s+r_{be}//R_{B1}//R_{B2}}$$
$$=-94.4\times 0.87=-82.1$$

② 画出高频等效电路如下:

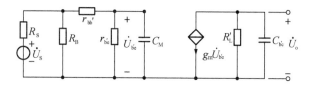

图中,
$$C_M=C_{b'e}+(1+g_m R'_L)C_{b'c},\ R_B=R_{B1}//R_{B2},\ R'_L=R_C//R_L,\ r_{b'e}=r_{be}-r_{bb'}$$
$$g_m=2\pi f_T(C_{b'e}+C_{b'c}),\ f_H=\frac{1}{2\pi[(R_s+r_{bb'})//r_{b'e}]\cdot C_M}$$

由公式:$f_T=\beta f_\beta$ 求得:$f_\beta=f_T/\beta=100\ \text{MHz}/100=1\ \text{MHz}$,

再由公式 $f_T=\dfrac{g_m}{2\pi(C_{b'e}+C_{b'c})}$ 求得 $C_{b'e}=\dfrac{g_m}{2\pi f_T}-C_{b'c}$,

其中

$$g_m=\frac{1}{r_e}=\frac{1+\beta}{r_{b'e}}=\frac{101}{2.6\ \text{k}\Omega}=38.8\ \text{mA/V},\ C_{b'e}=\frac{38.8\ \text{mA/V}}{2\pi\times 100\ \text{MHz}}-6\ \text{pF}=56\ \text{pF}$$

再求出: $C_M=56\ \text{pF}+(1+38.8\times 10^{-3}\times 2.55\times 10^3)\times 6\ \text{pF}=656\ \text{pF}$

则
$$f_H=\frac{1}{2\pi\times 0.35\times 10^3\times 656\times 10^{-12}}=0.7\ (\text{MHz})$$

题 3-20 题图 3-20 电路中集成运放的增益 A 及三极管的 β 很大。

① 指出电路中的反馈类型;

② 当输入电压为 $u_i = 2\sin\omega t (\text{V})$ 时,经电路转换后的输出电流 $i_o = ?$

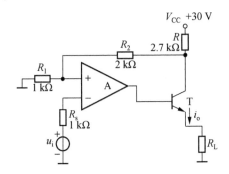

题图 3-20

【解】 ① 电路的反馈类型为电流串联负反馈。

② T 管集电极的输出电压:

$$u_o = u_i \cdot \left(1 + \frac{R_2}{R_1}\right) = 3u_i = 6\sin\omega t (\text{V})$$

电阻 R 中的电流为:

$$i_R = u_o/R = 2.22\sin\omega t (\text{mA})$$

所以,转换后的输出电流为

$$i_o = -i_R = -2.22\sin\omega t (\text{mA})$$

题 3-21 已知电路如题图 3-21 所示。各集成运放均为理想器件,试写出输出电压 u_o 与三极管电流放大系数 β 的关系式 $u_o = f(\beta)$,电源电压和各电阻均为已知。

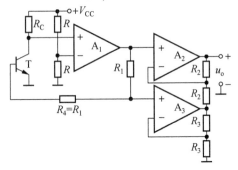

题图 3-21

【解】 在电路中标出 u_1、u_2、u_{o3},并重画如下:

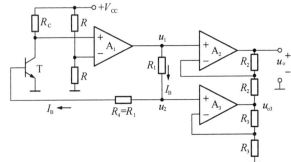

图中 A_2、A_3 组成差动放大器,对 R_1 两端电压 (u_1-u_2) 进行放大。可列出下列方程:

$$u_{o3}=2u_2,\frac{u_1-u_{o3}}{R_2}=\frac{u_o-u_1}{R_2}$$

则有
$$u_o=2(u_1-u_2)$$

对 A_1 组成的负反馈电路可列出关系式如下:

$$\frac{u_1-u_2}{R_1}=I_B, V_{CC}-\beta I_B R_C=\frac{1}{2}V_{CC}$$

可得: $u_1-u_2=\frac{1}{2}V_{CC}\frac{R_1}{\beta R_C}$,代入前式求得: $u_o=V_{CC}\frac{R_1}{\beta R_C}$。

题 3-22 一个实用对数运算电路如题图 3-22 所示。设 T_1、T_2 是参数完全相同的对管,集电极电流 $i_C \approx I_{ES}e^{u_{BE}/U_T}$。运放 A_1、A_2 具有理想特性。$u_{I1}>0, u_{I2}>0$,求 $u_O=f(u_{I1},u_{I2})$ 的表达式。

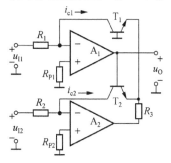

题图 3-22

【解】
$$i_{C1}=\frac{u_{I1}}{R_1}=I_{ES}e^{u_{BE1}/U_T}$$

取对数,有
$$u_{BE1}=U_T\ln\frac{u_{I1}}{I_{ES}R_1}=U_T\left[\ln\frac{u_{I1}}{R_1}-\ln I_{ES}\right]$$

$$i_{C2}=\frac{u_{I2}}{R_2}=I_{ES}e^{u_{BE2}/U_T}$$

有
$$u_{BE2}=U_T\ln\frac{u_{I2}}{I_{ES}R_2}=U_T\left[\ln\frac{u_{I2}}{R_2}-\ln I_{ES}\right]$$

$$u_o=u_{BE2}-u_{BE1}=U_T\left[\ln\frac{u_{I2}}{R_2}-\ln\frac{u_{I1}}{R_1}\right]=U_T\ln\frac{u_{I2}\cdot R_1}{u_{I1}\cdot R_2}=U_T\left[\ln\frac{u_{I1}}{u_{I1}}+\ln\frac{R_1}{R_2}\right]$$

题 3-23 题图 3-23 所示是一个对数运算电路。设 A_1、A_2 为理想运放,T_1、T_2 的特性相同,$u_i>0, U_{REF} \gg u_{BE}$。试写出输出电压 u_o 的表达式,并说明热敏电阻 R_t 的作用。

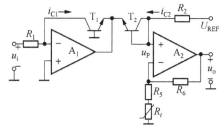

题图 3-23

【解】 根据 Ebers-Moll 方程可以写出：
$$u_{BE1}=U_T\ln i_{C1}-U_T\ln I_{ES},\ u_{BE2}=U_T\ln i_{C2}-U_T\ln I_{ES}$$

$$u_P=u_{BE2}-u_{BE1}=-U_T\ln\frac{i_{C1}}{i_{C2}}=-U_T\ln\frac{u_i}{R_1\cdot i_{C2}},\ i_{C2}=\frac{U_{REF}-u_P}{R_2}\approx U_{REF}/R_2$$

$$u_P=-U_T\ln\frac{u_i\cdot R_2}{R_1\cdot U_{REF}}$$

$$u_o=\left(1+\frac{R_6}{R_5+R_t}\right)\cdot u_P=-U_T\left(1+\frac{R_6}{R_5+R_t}\right)\ln\frac{u_i}{\frac{R_1}{R_2}U_{REF}}$$

由于 U_T 具有正温度系数，所以若 R_t 也具有正温度系数，则可补偿 U_T 的影响，使电路具有良好的温度稳定性。

题 3-24 电路如题图 3-24 所示。A_1、A_2 为理想运放，T_1、T_2 特性相同，两管集电极电流 $i_C\approx I_{ES}e^{u_{BE}/U_T}$。

① 写出输出电压 u_o 的表达式；
② 该电路有何种运算功能？

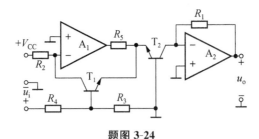

题图 3-24

【解】 ① $i_{C1}=\dfrac{V_{CC}}{R_2}$，$u_{B1}=u_i\dfrac{R_3}{R_3+R_4}=u_{BE1}-u_{BE2}$，根据 Ebers-Moll 方程可以写出：

$$u_{BE1}=U_T\ln\frac{i_{C1}}{I_{ES}},\ u_{BE2}=U_T\ln\frac{i_{C2}}{I_{ES}}$$

代入上式得：

$$u_i\frac{R_3}{R_3+R_4}=U_T\ln\frac{i_{C1}}{i_{C2}}=U_T\ln\frac{V_{CC}\cdot R_1}{R_2\cdot u_o}$$

即：

$$u_o=\frac{R_2}{R_1}V_{CC}\cdot e^{-\frac{u_i}{U_T}\cdot\frac{R_3}{R_3+R_4}}$$

② 从以上 u_o 表达式可知，该电路具有反对数放大器功能。

题 3-25 对数乘法器电路如题图 3-25 所示。若三极管 T_1、T_2、T_3 的特性完全相同，试求 u_o 的表达式并说明该电路完成何种运算功能？

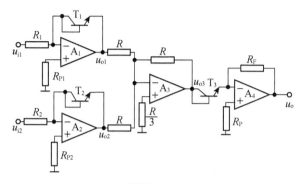

题图 3-25

【解】 $u_{o1} = -u_{BE1} = -\left(U_T \ln \dfrac{u_{i1}}{R_1} - U_T \ln I_{ES}\right)$, $u_{o2} = -u_{BE2} = -\left(U_T \ln \dfrac{u_{i2}}{R_2} - U_T \ln I_{ES}\right)$

$$u_{o3} = -(u_{o1} + u_{o2}) = u_{BE1} + u_{BE2} = U_T \ln \dfrac{u_{i1} \cdot u_{i2}}{R_1 \cdot R_2} - 2U_T \ln I_{ES}$$

$$u_o = -i_{C3} \cdot R_F = -R_F \cdot e^{\frac{u_{o3}}{U_T}} = -R_F \left[\dfrac{u_{i1} \cdot u_{i2}}{R_1 \cdot R_2} - e^{2\ln I_{ES}}\right]$$

即：

$$u_o = -\dfrac{R_F}{R_1 R_2} u_{i1} u_{i2} + R_F e^{2\ln I_{ES}} = -\dfrac{R_F}{R_1 R_2} u_{i1} u_{i2} + R_F I_{ES}^2$$

由于 I_{ES}^2 很小，可略去，结果表明，该电路具有反相乘法器功能。

第4章 场效应管及其应用

4.1 内容归纳

1. 与晶体三极管不同,场效应管是一种单极型电压控制器件。场效应管具有一些明显不同于晶体三极管的特点。主要表现在输入阻抗高、热稳定性好、噪声系数小等方面。但也有放大能力较弱、非线性失真稍大等不足。若将两者结合,取长补短,可望明显改善电子电路的某些性能和指标。

2. 场效应管分为结型和绝缘栅型两大类,每一类又分别有 N 沟道和 P 沟道两种,每一种又有耗尽型与增强型(MOS 管)之分。各种场效应管的特性及其比较见表 4-1。

表 4-1 各种场效应管的符号、特性比较

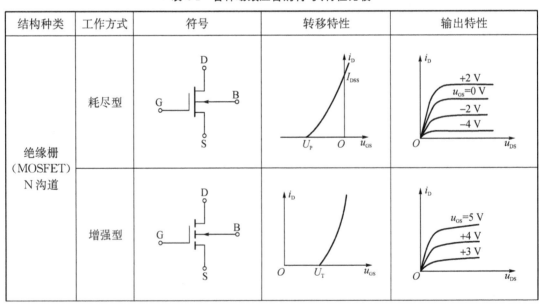

(续表)

结构种类	工作方式	符号	转移特性	输出特性
绝缘栅 (MOSFET) P沟道	耗尽型	(D, G, B, S符号图)	i_D-u_{GS}曲线，U_P，I_{DSS}	$-i_D$-$-u_{DS}$曲线，$u_{GS}=-1\text{ V},0\text{ V},+1\text{ V},+2\text{ V}$
	增强型	(D, G, B, S符号图)	i_D-u_{GS}曲线，U_T	$-i_D$-$-u_{DS}$曲线，$u_{GS}=-5\text{ V},-4\text{ V},-3\text{ V}$
结型 (JFET) N沟道	耗尽型	(D, G, S符号图)	i_D-u_{GS}曲线，I_{DSS}，U_P	i_D-u_{DS}曲线，$u_{GS}=0\text{ V},-1\text{ V},-2\text{ V},-3\text{ V}$
结型 (JFET) P沟道	耗尽型	(D, G, S符号图)	i_D-u_{GS}曲线，U_P，I_{DSS}	$-i_D$-$-u_{DS}$曲线，$u_{GS}=0\text{ V},+1\text{ V},+2\text{ V},+3\text{ V}$

注：i_D的假定正方向为流进漏极。

3. 场效应管有多种偏置方式，其中较为典型的有分压式偏置和自给偏压偏置。后者仅适用于耗尽型场效应管。场效应管电路的分析方法有解析法、图解法和微变等效电路法。在基本相同的偏置条件下，三种不同组态场效应管放大电路的性能比较如表4-2所示。

表 4-2　三种基本组态场效应管放大器的性能比较

电路形式	通带内电压增益	输入电阻、电容	输出电阻	特点
共源极放大器	$\dot{A}_u = -g_m(R_d /\!/ r_d)$ $\approx -g_m R_d$ （当 $r_d \gg R_d$ 时）	$R_i = R_g$ $C_i = C_{gs} +$ $(1-\dot{A}_u)C_{gd}$	$R_o = R_d /\!/ r_d$	电压放大倍数大 输入、输出电压反相 输入电阻高、输入电容大 输出电阻主要取决于偏置电阻 R_d
共漏极放大器	$\dot{A}_u = \dfrac{\mu R_s}{r_d+(1+\mu)R_s}$ $\approx \dfrac{g_m R_s}{1+g_m R_s}$	$R_i = R_g$ $C_i = C_{gd} +$ $(1-\dot{A}_u)C_{gs}$	$R_o = \dfrac{r_d}{1+\mu} /\!/ R_s$ $\approx \dfrac{1}{g_m} /\!/ R_s$	电压放大倍数小于1，但接近1 输入、输出电压同相 输入电阻高、输入电容小 输出电阻小
共栅极放大器	$\dot{A}_u = \dfrac{(1+\mu)R_d}{r_d+R_d}$ $\approx g_m R_d$	$R_i = \dfrac{1}{g_m} /\!/ R_s$ $C_i = C_{gs}$	$R_o =$ $(r_d+R_s)/\!/R_d$ $\approx r_d /\!/ R_d$	电压放大倍数大 输入、输出电压同相 输入电阻小，输入电容小 输出电阻大

注：$R_g = R_{g3} + (R_{g1} /\!/ R_{g2})$，$C_i$ 在这里指高频时的输入电容，共栅极放大器因栅源间高阻未发挥作用，故较少使用。

4．利用场效应管的特点，可构成多种独具特色的应用电路。如利用场效应管变阻区的良好线性关系，可构成压控电阻电路，并进一步构建乘、除法运算电路；利用场效应管残余电压为零及电压控制的特点，可构成性能良好的模拟开关等等。这些特点在各种应用电路及集成器件内部电路中都有较高的实用价值。

4.2 典型例题

【例 1】 设图 4-1 电路中,结型场效应管的转移特性曲线方程为 $I_D = 5\left(1 - \dfrac{U_{GS}}{-2}\right)^2$ mA, $R_{g1} = 100$ kΩ, $R_{g2} = 16$ kΩ, $R_{g3} = 10$ MΩ, $R_d = 4.7$ kΩ, $R_s = 2$ kΩ, $V_{DD} = 24$ V,求电路的静态工作点参数及跨导 g_m。

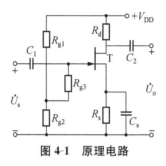

图 4-1 原理电路

【解】 据电路中给定的参数,代入 $U_{GS} = V_{DD} \dfrac{R_{g2}}{R_{g1} + R_{g2}} - I_D R_s$ 中得到

$$U_{GS} = 3.31 - 2I_D$$

题中已给出

$$I_D = 5\left(1 - \dfrac{U_{GS}}{-2}\right)^2$$

将以上两式联立求解得

$$U_{GS1} = -0.729 \text{ V}$$

和

$$U_{GS2} = -3.67 \text{ V}$$

由于 $U_{GS2} < U_P$,显然 $U_{GS2} = -3.67$ V 为增根,应当舍弃。进而求得:

$$I_D = I_{DSS}\left(1 - \dfrac{U_{GS1}}{U_P}\right)^2 = 5 \times \left(1 - \dfrac{-0.729}{-2}\right)^2 = 2.02 \text{(mA)}$$

所以

$$U_{DS} = V_{DD} - I_D(R_d + R_s) = 10.5 \text{ V}$$

静态工作点的参数为 $I_D = 2.02$ mA, $U_{DS} = 10.5$ V, $U_{GS} = -0.729$ V,由此确定工作点处的低频跨导 g_m 为

$$g_m = \dfrac{-2I_{DSS}}{U_P}\left(1 - \dfrac{U_{GS}}{U_P}\right) = \dfrac{-2 \times 5}{-2} \times \left(1 - \dfrac{-0.729}{-2}\right) = 3.18 \text{(mS)}$$

【例 2】 共源极放大器电路及参数与例 1 相同,并给定 $r_d = 80$ kΩ,求:(1) $\dot{A}_u, R_i, R_o$;(2) 若去除旁路电容 C_s,再求 $\dot{A}_u, R_{id}, R_o$。

【解】 例 1 中已求出 JFET 在静态工作点处的低频跨导为 $g_m = 3.18$ mS,由此可得:

$$\mu = g_m \cdot r_d = 3.18 \times 80 = 254.4$$

(1) 电压放大倍数为

$$\dot{A}_u = \frac{\dot{U}_o}{\dot{U}_i} = -g_m(R_d /\!/ r_d) = -3.18 \times (4.7 /\!/ 80) = -14.1$$

电路的输入电阻为

$$R_i = R_{g3} + R_{g1} /\!/ R_{g2} \approx R_{g3} = 10 \text{ M}\Omega$$

电路的输出电阻为

$$R_o = R_d /\!/ r_d \approx R_d = 4.7 \text{ k}\Omega$$

(2) 若去除旁路电容 C_s，画出微变等效电路如下：

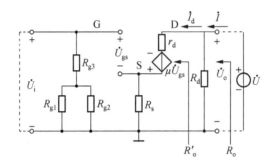

据图写出：

$$\dot{U}_o = -\frac{\mu \dot{U}_{gs}}{R_s + r_d + R_d} \cdot R_d, \quad \dot{U}_i = \dot{U}_{gs}\left(1 + \frac{\mu R_s}{R_s + r_d + R_d}\right)$$

$$\dot{A}_u = \frac{\dot{U}_o}{\dot{U}_i} = -\frac{\mu R_d}{r_d + R_d + (1+\mu)R_s}$$

代入参数求得：

$$\dot{A}_u = -\frac{254.4 \times 4.7}{80 + 4.7 + (1 + 254.4) \times 2} = -2$$

电路的输入电阻不变，$R_i = R_{g3} + R_{g1} /\!/ R_{g2} = 10 \text{ M}\Omega$。

为求电路的输出电阻，令电路输入端短路，在输出端外加电压 $\dot{U}$（如图中虚线所示），则 $R_o = \frac{\dot{U}}{\dot{I}}\bigg|_{\dot{U}_i=0} = R'_o /\!/ R_d$，其中 $R'_o = \frac{\dot{U}}{\dot{I}_d}\bigg|_{\dot{U}_i=0}$。据图写出：

$$\begin{cases} \dot{I}_d = \dfrac{\dot{U} + \mu \dot{U}_{gs}}{r_d + R_s} \\ \dot{U}_{gs} = -\dot{I}_d \cdot R_s \end{cases}$$

$$R'_o = \frac{\dot{U}}{\dot{I}_d} = r_d + (1+\mu)R_s$$

代入参数得：

$$R'_o = 80 + 255.4 \times 2 = 591 \text{(k}\Omega), \quad R_o = R'_o /\!/ R_d \approx R_d = 4.7 \text{(k}\Omega)$$

【例3】 共漏极放大器如图 4-2 所示。其中 $V_{DD}=20$ V,$R_{g1}=27$ kΩ,$R_{g2}=10$ kΩ,$R_{g3}=3$ MΩ,$R_s=5$ kΩ,场效应管的 $U_P=-5$ V,$I_{DSS}=10$ mA,$r_d=80$ kΩ。

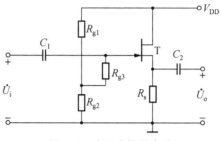

图 4-2 分压式偏置电路

(1) 求电路的静态工作点。
(2) 求电路的电压放大倍数及输入、输出电阻。

【解】 (1) 为求静态工作点,联立求解以下方程组

$$\begin{cases} U_{GS}=V_{DD}\dfrac{R_{g2}}{R_{g1}+R_{g2}}-I_D \cdot R_s & \text{①} \\ U_{DS}=V_{DD}-I_D \cdot R_s & \text{②} \\ I_D=I_{DSS}(1-U_{GS}/U_P)^2 & \text{③} \end{cases}$$

①式代入③式,解得

$$I_D=\begin{cases} 1.67 \text{ mA} \\ 2.59 \text{ mA} \end{cases}$$

由于 N 沟道 JFET 只能在 $U_{GS}\leqslant 0$ 条件下工作,可知 $I_D=2.59$ mA 为增根,应予舍弃。将 $I_D=1.67$ mA 代入①式及②式,求得结果为

$$U_{GS}=-2.95 \text{ V}, U_{DS}=11.65 \text{ V}, I_D=1.67 \text{ mA}$$

(2) 场效应管的 g_m 与静态工作点相关,根据静态分析结果求出

$$g_m=g_{m0}(1-U_{GS}/U_P)=\frac{2\times 10}{5}\times\left(1-\frac{2.95}{5}\right)=1.64(\text{mA/V})$$

可求得

$$\dot{A}_u=\frac{\dot{U}_o}{\dot{U}_i}=\frac{\mu R_s}{r_d+(1+\mu)R_s}=\frac{1.64\times 80\times 5}{80+(1+1.64\times 80)\times 5}=0.89$$

电路的输入、输出电阻分别为

$$R_i=R_{g3}+R_{g1}//R_{g2}\approx R_{g3}=3 \text{ MΩ}$$

$$R_o=\frac{1}{g_m}//R_s=\frac{1}{1.64}//5=544(\Omega)$$

4.3 习题详解

题 4-1 题图 4-1(a)、(b)、(c)分别为三个场效应管的特性曲线,试问:它们分别属于哪种类型的(结型、绝缘栅型、增强型、耗尽型、N 沟道、P 沟道)场效应管?

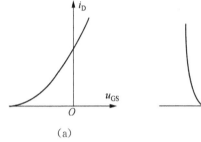
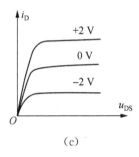

题图 4-1

【答】 具有图(a)所示转移特性曲线的场效应管应属于 N 沟道耗尽型绝缘栅场效应管;

具有图(b)所示转移特性曲线的场效应管应属于 P 沟道增强型绝缘栅场效应管;

具有图(c)所示输出特性曲线的场效应管应属于 N 沟道耗尽型绝缘栅场效应管。

题 4-2 场效应管的输出特性如题图 4-2 所示。

① 画出该管的表示符号;

② $I_{DSS}=?$

③ $U_P=?$

④ $U_{(BR)DS}=?$

⑤ $U_{DS}=10\text{ V},U_{GS}=-1\text{ V}$ 处的 $g_m=?$

【解】 ① 管子符号为:

② $I_{DSS}=3\text{ mA}$,其转移特性曲线为:

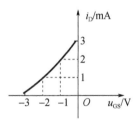

③ $U_P=-3\text{ V}$;

④ $U_{(BR)DS}=23\text{ V}$;

⑤ 由 $g_m = -\dfrac{2I_{DSS}\left(1-\dfrac{U_{GS}}{U_P}\right)}{U_P}$，可求出：$U_{DS}=10$ V，$U_{GS}=-1$ V 处的 g_m 为：

$$g_m = -\dfrac{2\times 3 \text{ mA}\times\left(1-\dfrac{-1 \text{ V}}{-3 \text{ V}}\right)}{-3 \text{ V}} = 1.33 \text{ mA/V}$$

题 4-3 分析题图 4-3(a)～(d)电路能否正常放大输入信号，为什么？

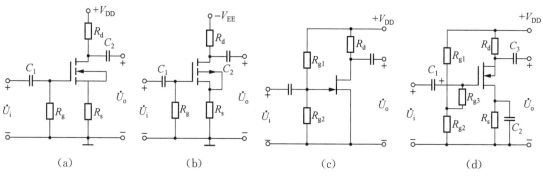

题图 4-3

【答】 图(a)电路中所示 IGFET 为 N 沟道增强型，由于自给偏压方式只能提供与 U_{DS} 相反极性的 U_{GS}，故不适合于增强型场效应管的偏置。电路不能正常放大输入信号。

图(b)电路中所示 IGFET 为 P 沟道增强型，不适合采用自给偏压偏置方式，故电路不能正常放大输入信号。

图(c)电路中 JFET 为 N 沟道器件，在 $U_{GS}>0$ 情况下栅-源间 PN 结将因正偏电压而导通，失去了对漏-源间导电沟道的控制作用，故电路不能正常放大输入信号。

图(d)电路中 IGFET 为 N 沟道耗尽型器件，但由于漏极与源极的倒置，不能获得管子正常工作所需的 $U_{DS}>0$ 的正偏电压，故电路不能正常放大输入信号。

题 4-4 题图 4-4 电路中，场效应管的参数为 $U_P=-2$ V，$I_{DSS}=6$ mA，$r_d=100$ kΩ，试求：

① 电路的电压放大倍数 $\dot A_u = \dot U_o/\dot U_i$；

② 电路的输入电阻 R_i 及输出电阻 R_o；

【解】 电路的交流通路为：

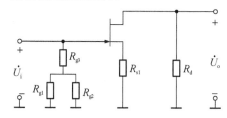

题图 4-4

其微变等效电路的形式为：

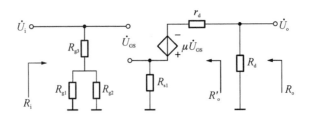

① 由微变等效电路可知：

$$\dot{U}_o = -\mu\dot{U}_{GS}\frac{R_d}{R_d+r_d+R_{s1}}$$

$$\dot{U}_i = \dot{U}_{GS} + \frac{\mu\dot{U}_{GS}\cdot R_{s1}}{R_d+r_d+R_{s1}} = \dot{U}_{GS}\left(1+\frac{\mu R_{s1}}{R_d+r_d+R_{s1}}\right)$$

则

$$\dot{A}_u = \frac{\dot{U}_o}{\dot{U}_i} = -\frac{\mu R_d}{R_d+r_d+R_{s1}}\cdot\frac{1}{1+\dfrac{\mu R_{s1}}{R_d+r_d+R_{s1}}} = -\frac{\mu R_d}{R_d+r_d+(1+\mu)R_{s1}}$$

其中 $\mu = g_m\cdot r_d$，g_m 则可根据题图列出以下方程式联立求解：

$$\begin{cases} g_m = -\dfrac{2I_{DSS}(1-U_{GS}/U_P)}{U_P} & ① \\ U_{GS} = V_{DD}\dfrac{R_{g2}}{R_{g1}+R_{g2}} - I_D(R_{s1}+R_{s2}) & ② \\ I_D = I_{DSS}(1-U_{GS}/U_P)^2 & ③ \end{cases}$$

代入各参数后由②、③两式联立求得 $U_{GS} = \begin{cases} -0.19\text{ V} \\ -5.29\text{ V} \end{cases}$（因为 $U_P = -2$ V，故判定 -5.29 V 为增根，舍去）。

将 $U_{GS} = -0.19$ V 代入①式。求得：$g_m = 5.43$ mA/V，并进一步求出 $\mu = g_m r_d = 543$。

则

$$\dot{A}_u = -\frac{\mu R_d}{R_d+r_d+(1+\mu)R_{s1}} = -\frac{543\times 3}{3+100+544\times 0.15} = -8.8$$

② 由微变等效电路可得

$$R_i = R_{g3} + R_{g1}//R_{g2}$$

代入各电阻值求得：

$$R_i = 1.009\text{ M}\Omega \approx 1\text{ M}\Omega$$

为求输出电阻 R_o，先求出 R'_o，则 $R_o = R'_o // R_d$。根据求输出电阻的定义，求 R'_o 的微变等效电路如下图所示：

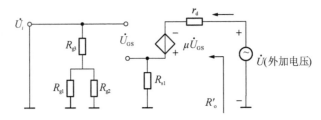

由等效电路图求出：

$$\begin{cases} \dot{I} = \dfrac{\dot{U} + \mu \dot{U}_{GS}}{r_d + R_{s1}} \\ \dot{U}_{GS} = -\dot{I} R_{s1} \end{cases}$$

联立以上两式求得：

$$\dot{I} = \dfrac{\dot{U} - \mu \cdot \dot{I} \cdot R_{s1}}{r_d + R_{s1}}$$

即：$\dot{U} = \mu \dot{I} R_{s1} + \dot{I}(r_d + R_{s1}) = \dot{I}[r_d + (1+\mu)R_{s1}]$

所以 $R'_o = \dfrac{\dot{U}}{\dot{I}} = r_d + (1+\mu)R_{s1} = 100 \text{ k}\Omega + (1+543) \times 0.15 \text{ k}\Omega = 181.6 \text{ k}\Omega$

于是求得：

$$R_o = R'_o // R_d = \dfrac{181.6 \times 3}{181.6 + 3} = 2.95 \text{ k}\Omega \approx 3 \text{ k}\Omega$$

题 4-5 题图 4-5 中，已知场效应管的参数为 $U_P = -2.5 \text{ V}, I_{DSS} = 2.2 \text{ mA}, r_d \gg R_d$。求电路的静态工作点及电压放大倍数。

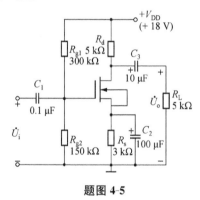

题图 4-5

【解】 先求解题图所示电路的静态工作点 $Q(U_{GS}, U_{DS}, I_D)$ 参数
由电路图列出以下方程式：

$$\begin{cases} U_{GS} = V_{DD} \dfrac{R_{g2}}{R_{g1} + R_{g2}} - I_D \cdot R_s = 6 - 3I_D \\ U_{DS} = V_{DD} - I_D(R_d + R_s) = 18 - 8I_D \\ I_D = I_{DSS}(1 - U_{GS}/U_P)^2 = 2.2 \times \left(1 - \dfrac{U_{GS}}{-2.5}\right)^2 \end{cases}$$

联立求解以上方程组，可得：

$$U_{GS} = \begin{cases} -0.1 \text{ V} \\ -5.87 \text{ V} \end{cases}$$

由题中给出 $U_P=-2.5$ V，判定 $U_P=-5.87$ V 为增根，应舍去，所以

$$U_{GS}=-0.1 \text{ V}$$

$$I_D=\frac{6-U_{GS}}{3}=2.03(\text{mA})$$

$$U_{DS}=18-2.03\times 8=1.8(\text{V})$$

题图 4-5 所示电路的交流通路为：

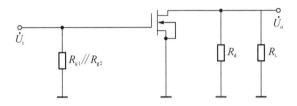

可写出：

$$\dot{U}_o=-g_m\dot{U}_{GS}\cdot R'_L, R'_L=R_d//R_L, \dot{U}_{GS}=\dot{U}_i$$

$$g_m=-\frac{2I_{DSS}(1-U_{GS}/U_P)}{U_P}=1.69(\text{mA/V})$$

电路的电压放大倍数为：

$$\dot{A}_u=\frac{\dot{U}_o}{\dot{U}_i}=-g_m\cdot R'_L=-1.69\times\frac{5\times 5}{5+5}=-1.69\times 2.5=-4.23$$

题 4-6 小信号放大电路如题图 4-6 所示。已知其中场效应管的转移特性表达式为 $i_D=0.3(u_{GS}-2)^2$。试求：

① 静态工作点 (U_{GS}, I_D)；

② 工作点处的跨导 g_m；

③ 电压放大倍数 $\dot{A}_u=\dot{U}_o/\dot{U}_i$。

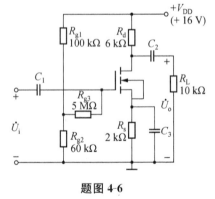

题图 4-6

【解】 ①题图所示电路中，IGFET 是 N 沟道增强型，由其转移特性表达式可知开启电压 $U_T=2$ V。为求工作点参数，据图列出以下方程：

$$\begin{cases} U_{GS}=V_{DD}\dfrac{R_{g2}}{R_{g1}+R_{g2}}-I_D\cdot R_s=6-2I_D \\ I_D=0.3(U_{GS}-U_T)^2=0.3(U_{GS}-2)^2 \end{cases}$$

联立求解以上方程组可得：

$$U_{GS}=6-0.6\times(U_{GS}-2)^2,$$

即：

$$-0.6U_{GS}^2+1.4U_{GS}+3.6=0$$

求出：

$$\begin{cases} U_{GS} = \begin{cases} -1.55 \text{ V}(增根舍去) \\ 3.88 \text{ V} \end{cases} \\ I_D = 0.3 \times (3.88-2)^2 = 1.06 \text{ mA} \end{cases}$$

② 根据 g_m 定义应有：

$$g_m = \frac{di_D}{du_{GS}}\bigg|_{u_{DS}=常数}$$

由题中给出的转移特性表达式可求出：

$$di_D = 2 \times 0.3(u_{GS}-2) \times du_{GS}$$

故有 $\quad g_m = \frac{di_D}{du_{GS}} = 0.6u_{GS} - 1.2 = 0.6 \times 3.88 - 1.2 = 1.13 \text{(mA/V)}$

③ 为求电压放大倍数，画出题图 4-6 电路的交流通路为：

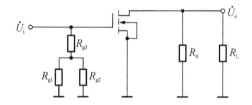

由交流通路写出：

$$\dot{A}_u = \frac{\dot{U}_o}{\dot{U}_i} = -g_m R'_L, \quad R'_L = R_d // R_L = 3.75 \text{ k}\Omega$$

于是求得：$\dot{A}_u = -1.13 \times 3.75 = -4.24$。

题 4-7 某 JFET 的转移特性可表示为，$i_D = 16(1+u_{GS}/4)^2$，已知 JFET 的 $r_d = 100 \text{ k}\Omega$，由该 JFET 组成的放大电路如题图 4-7。

① 求 JFET 的静态工作点 I_D 及 U_{GS}；

② 求电压放大倍数 $\dot{A}_u = \dot{U}_o/\dot{U}_i$。

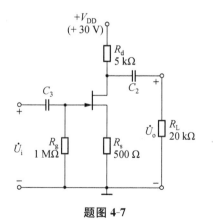

题图 4-7

【解】 ① 由给定的 JFET 转移特性 $i_D = 16\left(1+\dfrac{U_{GS}}{4}\right)^2 = 16\left(1-\dfrac{U_{GS}}{-4}\right)^2$ 可知,该 JFET 的 $I_{DSS} = 16$ mA, $U_P = -4$ V。为求静态工作点 I_D 及 U_{GS},据题图 4-7 所示电路列出以下方程:

$$\begin{cases} U_{GS} = -I_D R_s \\ I_D = 16\left(1+\dfrac{U_{GS}}{4}\right)^2 \end{cases}$$

联立求解得:

$$\dfrac{U_{GS}}{-R_s} = 16\left(1 + \dfrac{1}{2}U_{GS} + \dfrac{1}{16}U_{GS}^2\right)$$

即:

$$U_{GS}^2 + 10U_{GS} + 16 = 0$$

所以

$$U_{GS} = \begin{cases} -8 \text{ V}(\because U_P = -4 \text{ V}, \therefore \text{此解为增根,舍去}) \\ -2 \text{ V} \end{cases}$$

$$I_D = -U_{GS}/R_s = 2 \text{ V}/0.5 \text{ k}\Omega = 4 \text{ mA}$$

② 为求电压效大倍数,先求出工作点处的 g_m:

$$g_m = g_{m0}\left(1 - \dfrac{U_{GS}}{U_P}\right), g_{m0} = -\dfrac{2I_{DSS}}{U_P} = -\dfrac{2 \times 16}{-4} = 8 \text{ (mA/V)}$$

则

$$g_m = 8 \times \left(1 - \dfrac{2}{4}\right) = 4 \text{ (mA/V)}$$

放大电路的微变等效电路为:

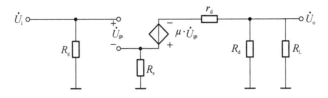

据此写出:

$$\begin{cases} \dot{U}_o = -\dfrac{\mu \dot{U}_{gs}}{r_d + R'_L + R_s} \cdot R'_L, R'_L = R_L // R_d \\ \dot{U}_{gs} = \dot{U}_i - \dfrac{\mu \dot{U}_{gs}}{r_d + R'_L + R_s} \cdot R_s \end{cases}$$

解得:

$$A_u = \dfrac{\dot{U}_o}{\dot{U}_i} = -\dfrac{\mu R'_L}{r_d + R'_L + (1+\mu)R_s}, \mu = g_m r_d$$

代入参数得:

$$A_u = -\dfrac{400 \times 4}{100 + 4 + 401 \times 0.5} = -5.25$$

题 4-8 源极输出器电路如题图 4-8 所示。已知场效应管在工作点处的跨导 $g_m = 0.9$ mS,其他参数如图所示。求电压放大倍数 $\dot{A}_u$、输入电阻 R_i 和输出电阻 R_o。

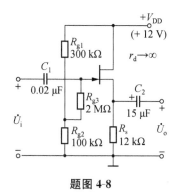

题图 4-8

【解】 据题图 4-8 画出源极输出器的微变等效电路为：

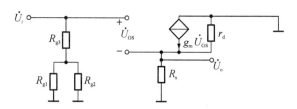

电压放大倍数为：

$$\dot{A}_u = \frac{\dot{U}_o}{\dot{U}_i} = \frac{g_m \cdot R_s}{1 + g_m R_s} = \frac{0.9 \times 12}{1 + 0.9 \times 12} = 0.92$$

$$R_i = R_{g3} + R_{g1} /\!/ R_{g2} \approx R_{g3} = 2 \text{ M}\Omega$$

输出电阻为：

$$R_o = \frac{1}{g_m} /\!/ R_s = 1 \text{ k}\Omega$$

题 4-9 在题图 4-9 中，$V_{DD}=40$ V，$R_g=1$ MΩ，$R_d=10$ kΩ，$R_{s1}=R_{s2}=500$ Ω，场效应管的 $U_P=-6$ V，$I_{DSS}=6$ mA，$r_d \gg R_d$，各电容都足够大。求电路静态时的 I_D、U_{GS}、U_{DS}，并求 $\dot{A}_{u1}=\dot{U}_{o1}/\dot{U}_i$，$\dot{A}_{u2}=\dot{U}_{o2}/\dot{U}_i$ 和输出电阻 R_{o1}、R_{o2}。

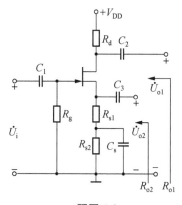

题图 4-9

【解】 求静态时的 I_D、U_{GS}、U_{DS}。

据题图 4-9 列出以下方程式：

$$\begin{cases} U_{GS}=-I_D(R_{s1}+R_{s2}) \\ U_{DS}=V_{DD}-I_D(R_d+R_{s1}+R_{s2}) \\ I_D=I_{DSS}\left(1-\dfrac{U_{GS}}{U_P}\right)^2 \end{cases}$$

解得：
$$\begin{cases} U_{GS}=-2.29\text{ V,（另一结果 }U_{GS}=-15.71\text{ V 舍去）} \\ I_D=2.29\text{ mA} \\ U_{DS}=14.81\text{ V} \end{cases}$$

为求题图 4-9 电路的电压放大倍数，画出其微变等效电路：

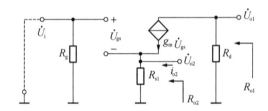

其中：

$$g_m=-\dfrac{2I_{DSS}}{U_P}(1-U_{GS}/U_P)=2\times(1-2.29/6)=1.24\text{ mS}$$

$$\dot{U}_{o1}=-g_m\dot{U}_{gs}R_d,\ \dot{U}_{o2}=g_m\dot{U}_{gs}R_{s1}$$

$$\dot{U}_{gs}=\dot{U}_i-g_m\dot{U}_{gs}R_{s1}$$

即：
$$\dot{U}_i=(1+g_mR_{s1})\dot{U}_{gs}$$

所以
$$\dot{A}_{u1}=\dfrac{\dot{U}_{o1}}{\dot{U}_i}=-\dfrac{g_mR_d}{1+g_mR_{s1}}=\dfrac{-1.24\times10}{1+1.24\times0.5}=-7.65$$

$$\dot{A}_{u2}=\dfrac{\dot{U}_{o2}}{\dot{U}_i}=\dfrac{g_mR_{s1}}{1+g_mR_{s1}}=\dfrac{1.24\times0.5}{1+1.24\times0.5}=0.38$$

由微变等效电路可得：

$$R_{o1}=R_d=10\text{ k}\Omega$$

为求 R_{o2}，将 $\dot{U}_i$ 对地短路，并将输出端外加电压记作 $\dot{U}_{o2}$，可知 $\dot{U}_{gs}=-\dot{U}_{o2}$

因为
$$\dot{I}_{o2}=\dot{U}_{o2}\left(\dfrac{1}{R_{s1}}+g_m\right)$$

所以
$$R_{o2}=\dfrac{\dot{U}_{o2}}{\dot{I}_{o2}}=\dfrac{1}{\dfrac{1}{R_{s1}}+g_m}=R_{s1}//\dfrac{1}{g_m}=0.31\text{ k}\Omega$$

题 4-10 设场效应管、晶体三极管的所有参数均为已知,求题图 4-10 电路的电压放大倍数 $\dot{A}_u$、输入电阻 R_i 及输出电阻 R_o 的表达式。

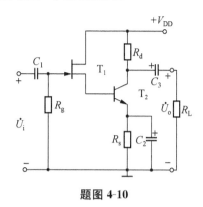

题图 4-10

【解】 画出题图 4-10 所示放大器的微变等效电路:

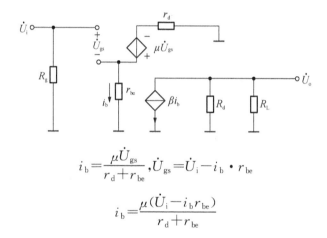

$$i_b = \frac{\mu \dot{U}_{gs}}{r_d + r_{be}}, \quad \dot{U}_{gs} = \dot{U}_i - i_b \cdot r_{be}$$

则

$$i_b = \frac{\mu(\dot{U}_i - i_b r_{be})}{r_d + r_{be}}$$

整理得:

$$i_b = \frac{\mu \dot{U}_i}{r_d + (1+\mu)r_{be}}$$

$$\dot{U}_o = -\beta i_b \cdot R'_L = \frac{-\beta \mu R'_L \dot{U}_i}{r_d + (1+\mu)r_{be}}, \quad R'_L = R_L // R_d$$

所以

$$\dot{A}_u = \frac{\dot{U}_o}{\dot{U}_i} = -\frac{\beta \mu R'_L}{r_d + (1+\mu)r_{be}}$$

输入电阻:

$$R_i = R_g$$

输出电阻:

$$R_o = R_d$$

题 4-11 题图 4-11 电路中,T_1 的 $g_m = 1.2$ mS,$r_d = 200$ kΩ,T_2 的 $\beta = 60$,$r_{ce} = 80$ kΩ。
① 求静态工作电流 I_D;

② 求电压放大倍数 $\dot{A}_u$；

③ 求输出电阻 R_o。

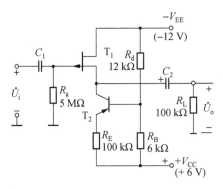

题图 4-11

【解】① 静态工作电流 I_D 由 T_2 管决定。据图可写出

$$U_{B2}=V_{CC}-(V_{CC}+V_{EE})\frac{R_B}{R_B+R_d}=6-18\times\frac{6}{6+12}=0(V)$$

设 $U_{EB2}=0.3\ V$，则

$$I_D=I_{E2}=\frac{V_{CC}-U_{EB2}}{R_E}=\frac{6-0.3}{100}=0.057(mA)=57(\mu A)$$

② 为求电压放大倍数，先求 T_2 管集电极的交流输出电阻 R_o，其微变等效电路为：

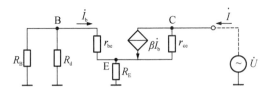

由此列出以下方程式：

$$\begin{cases}\dot{i}_b=-\dot{i}\cdot\dfrac{R_E}{r_{be}+R'_B+R_E}，\text{其中 } R'_B=R_B//R_d=4\ k\Omega, r_{be}=r_{bb'}+(1+\beta)\dfrac{26\ mV}{I_E}=28\ k\Omega\\ \dot{U}=(\dot{i}-\beta\dot{i}_b)r_{ce}+(\dot{i}+\dot{i}_b)\cdot R_E\end{cases}$$

联立求解此方程组得：

$$R_{oc}=\frac{\dot{U}}{\dot{i}}=(r_{ce}+R_E)+\frac{\beta r_{ce}\cdot R_E-R_E^2}{r_{be}+R'_B+R_E}=(80+100)+\frac{60\times 80\times 100-10^4}{28+4+100}=3\ 741\ k\Omega$$

可知 $R_{oc}\gg R_L$，电压放大倍数为：

$$\dot{A}_u=\frac{\dot{U}_o}{\dot{U}_i}=\frac{g_m\cdot R_L}{1+g_m\cdot R_L}=\frac{1.2\times 100}{1+1.2\times 100}=0.99$$

③ 输出电阻

$$R_o=\frac{1}{g_m}//r_d\approx\frac{1}{g_m}=0.83\ k\Omega$$

题 4-12 电路参数如题图 4-12 所示。设 JFET 的 $g_m = 0.8\text{ mS}$,r_d 很大,可视为开路,三极管的 $\beta = 40$,$r_{be} = 1\text{ k}\Omega$。求电路的电压放大倍数 $\dot{A}_u = \dot{U}_o / \dot{U}_i$。

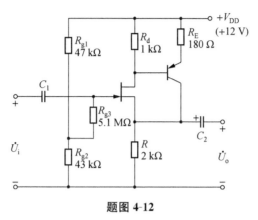

题图 4-12

【解】 为求题图 4-12 放大电路的电压放大倍数,据图画出其微变等效电路:

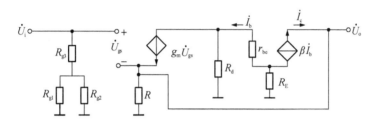

据此列出下列方程式:

$$\begin{cases} \dot{U}_o = (g_m \dot{U}_{gs} + \beta \dot{I}_b) \cdot R \\ \dot{I}_b = g_m \dot{U}_{gs} \dfrac{R_d}{R_d + r_{be} + (1+\beta)R_E} \\ \dot{U}_{gs} = \dot{U}_i - \dot{U}_o \end{cases}$$

联立求解以上方程组,可得:

$$\dot{U}_o \left[1 + g_m R \frac{(1+\beta)(R_d + R_E) + r_{be}}{R_d + r_{be} + (1+\beta)R_E} \right] = \dot{U}_i \left[g_m R + \frac{\beta \cdot g_m \cdot R \cdot R_d}{R_d + r_{be} + (1+\beta)R_E} \right]$$

则

$$\dot{A}_u = \frac{\dot{U}_o}{\dot{U}_i} = \frac{g_m R [R_d + r_{be} + (1+\beta)R_E] + \beta g_m R \cdot R_d}{R_d + r_{be} + (1+\beta)R_E + g_m R [(1+\beta)(R_d + R_E)) + r_{be}]}$$

$$= \frac{g_m R [R_d + r_{be} + (1+\beta)R_E + \beta R_d]}{[1 + g_m R(1+\beta)]R_d + (1 + g_m R)[r_{be} + (1+\beta)R_E]}$$

代入各参数求得:

$$\dot{A}_u = \frac{0.8 \times 2 \times [1 + 1 + 41 \times 0.18 + 40 \times 1]}{[1 + 0.8 \times 2 \times 41] \times 1 + (1 + 0.8 \times 2)[1 + 41 \times 0.18]} = \frac{79}{66.6 + 21.8} = 0.89$$

题 4-13 由参数相同的两个 JFET 构成题图 4-13 放大电路。设 g_m、r_d 均为已知,求电压放大倍数 $\dot A_u$ 及输出电阻 R_o 的表达式。

【**解**】 分析题图 4-13 电路可知,T_1、T_2 两管都是自给偏压偏置,其中 T_1 与 R 组成的自给偏压电路为 T_2 提供稳定的静态工作电流 $I_{D1}=I_{D2}=I_D$。为求 T_2 管的电压放大倍数,先求 T_1 管电路的交流等效电阻 r_o,画出 T_1 管微变等效电路图(a)。

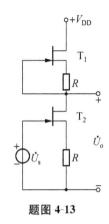

题图 4-13

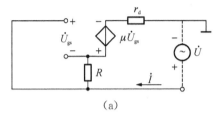

(a)

据此列出方程式:

$$\begin{cases} \dot U = \dot I(r_d+R)+\mu \dot U_{gs} \\ \dot U_{gs}=\dot I R \end{cases}$$

联立求解得:

$$r_o=\frac{\dot U}{\dot I}=r_d+(1+\mu)R$$

于是题图 4-13 电路可等效为以下图(b)、图(c)。

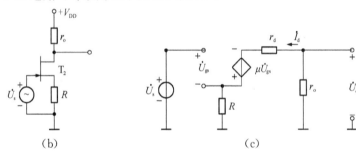

据图(c)列出:

$$\begin{cases} \dot U_o = -\dot I_d \cdot r_o \\ \dot I_d = \dfrac{\mu \dot U_{gs}}{r_d+R+r_o} \\ \dot U_{gs}=\dot U_s - \dot I_d R \end{cases}$$

联立求解以上方程组得:

$$\begin{cases} \dot U_o = -\dfrac{\mu \dot U_{gs} r_o}{r_d+R+r_o} \\ \dot U_s = \dfrac{r_d+r_o+(1+\mu)R}{r_d+R+r_o}\dot U_{gs} \end{cases}$$

则 $\dot{A}_u = \dfrac{\dot{U}_o}{\dot{U}_s} = -\mu \dfrac{r_o}{r_d + r_o + (1+\mu)R} = -\dfrac{\mu[r_d + (1+\mu)R]}{2[r_d + (1+\mu)R]} = -\dfrac{1}{2}\mu = -g_m \dfrac{r_d}{2}$

分析可知：由于 T_2 管电路结构及参数均与 T_1 管相同，所以从 T_2 管漏极看进去的输出电阻应与 T_1 管相同，所以整个电路的输出电阻为：

$$R_o = r_o // r_o = \dfrac{1}{2} r_o = \dfrac{1}{2}[r_d + (1+\mu)R]$$

题 4-14 由场效应管及运放组成的微电流源电路如题图 4-14 所示。试分析电路工作原理并分别求出开关 S_1 拨向 a 点及 b 点时，输出电流 I_o 的可调范围。

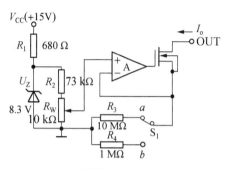

题图 4-14

【解】 该电路是一个电压-微电流变换电路，其基本工作原理是将 R_W 滑动端电压经运放虚短接后施加到 R_3 或 R_4 电阻两端，产生场效应管的源极微电流 I_s。由于场效应管被置于运放负反馈环路中，运放输出端将根据 I_s 的大小自动调节 U_{GS} 电压与 I_s 相适应，使场效应管获得合理偏置从而保证 $I_o = I_s$。

当 S_1 拨向 a 点时：$I_o = U_P/R_3$，U_P 的可调范围为：

$$0\text{ V} \sim U_Z \dfrac{R_W}{R_2 + R_W} = 0 \sim 1\text{ V}，则\ I_o = 0 \sim 0.1\ \mu A$$

当 S_1 拨向 b 点时：

$$I_o = U_P/R_4，U_P = 0 \sim 1\text{ V}，则\ I_o = 0 \sim 1\ \mu A$$

题 4-15 题图 4-15 所示是一个对振动信号进行放大的电路。

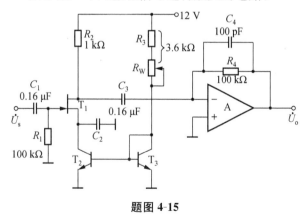

题图 4-15

① 说明 T_1、T_2 和 T_3 在电路中的作用；

② 求 T_1 的静态工作电流；

③ 设 T_1 的 r_d 很大，$g_m=1$ mA/V，C_2 对交流可视为短路，画出 $\dot A_u=\dot U_o/\dot U_s$ 的幅频特性的波特图；

④ 说明调节 R_W 可以改变整个放大器电压放大倍数的机理。

【解】① T_2、T_3、R_3、R_W 组成电流偏置电路，为 T_1 管提供静态偏置电流 $I_D=I_{C2}=I_{C3}$，调节 R_W 可改变 I_D 的偏置电流大小。

②
$$I_{C3}=I_{C2}\approx\frac{12\text{ V}-U_{BE3}}{R_3+R_W}=\frac{12-0.7}{3.6}=3.14(\text{mA})$$

则
$$I_D=I_{C2}=I_{C3}=3.14\text{ mA}$$

③ T_1 管输出开路条件下，第一级的电压放大倍数及输出电阻分别是：

$$\dot A_{u1}=\frac{\dot U_{o1}}{\dot U_s}=-g_m\cdot R_2=-1;\ R_{o1}=R_2=1\text{ k}\Omega$$

将第一级放大电路视为第二级放大器的信号源（含内阻），其等效电路如下：

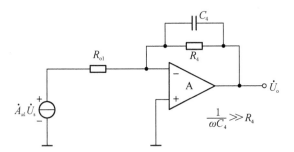

由上列等效电路求出两级放大器电路总的电压放大倍数为：

$$\dot A_u=\frac{\dot U_0}{\dot U_s}=-\frac{R_4}{R_{o1}}\cdot\dot A_{u1}=g_m R_4=100$$

为画出 $\dot A_u=\dot U_o/\dot U_s$ 的幅频特性波特图，分别对第一、第二两级放大器作频率特性分析如下：

第一级放大器的下限频率 f_{L1} 由 R_1、C_1 构成的低通环节决定，可求出：

$$f_{L1}=\frac{1}{2\pi R_1 C_1}=\frac{1}{2\pi\times100\times10^3\times0.16\times10^{-6}}=10(\text{Hz})$$

第一级放大器的上限频率 f_{H1} 由 T_1 管的结电容及极间电容 C_{gs}、C_{gd}、C_{ds} 构成的低通环节决定。由于 C_{gs}、C_{gd}、C_{ds} 都在 3 pF 以下（见教材 P117 图 4.4.4），其值远小于第二级放大器中的电容 C_3、C_4，所以整个电路的上限频率将主要取决于第二级放大器，f_{H1} 的影响可忽略不计。

第二级放大器的频率特性分析等效电路如下：

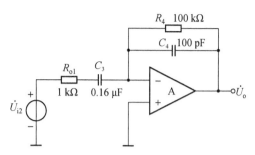

图中 $\dot{U}_{i2}=\dot{A}_{u1}\dot{U}_s=-\dot{U}_s$，据此求得：

$$\dot{A}_{u2}=\frac{-R_4//\dfrac{1}{j\omega C_4}}{R_{o1}+\dfrac{1}{j\omega C_3}}=\frac{-j\omega R_4 C_4}{(1+j\omega R_{o1}C_3)(1+j\omega R_4 C_4)}=\frac{-j\dfrac{f}{f_Z}}{\left(1+j\dfrac{f}{f_{P1}}\right)\left(1+j\dfrac{f}{f_{P2}}\right)}$$

其中：$f_Z=\dfrac{1}{2\pi R_4 C_3}=\dfrac{1}{2\pi\times 100\times 10^3\times 0.16\times 10^{-6}}=10(\text{Hz})$

$f_{P1}=\dfrac{1}{2\pi R_{o1} C_3}=\dfrac{1}{2\pi\times 10^3\times 0.16\times 10^{-6}}=1(\text{kHz})$

$f_{P2}=\dfrac{1}{2\pi R_4 C_4}=\dfrac{1}{2\pi\times 100\times 10^3\times 100\times 10^{-12}}=16(\text{kHz})$

于是，画出整个放大电路的幅频特性波特图为：

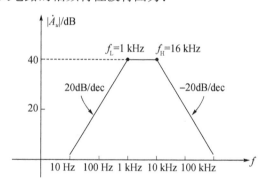

④ 调节 R_W 阻值将改变 I_{C3} 电流值，由于 $I_D=I_{C2}=I_{C3}$，所以 I_D 随 R_W 的调节而改变。又由于 T_1 管的 g_m 与静态电流 I_D 直接相关，由图 4.1.10（见教材 109 页）可知，对应不同的静态工作点电流 I_D 其切线斜率 $\dfrac{di_D}{du_{GS}}=g_m$ 也不同，所以工作点电流 I_D 的改变将直接影响 g_m 的大小，从而改变电压放大倍数 $\dot{A}_u=g_m R_4$ 的大小。

题 4-16 由模拟乘法器组成的压控阻抗调节电路如题图 4-16 所示。试求：

① Z_{ix} 与 Z 的关系表达式（提示：乘法器 x 输入端电流可忽略不计）。

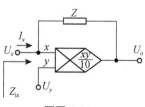

题图 4-16

②若将阻抗 Z 更换为电阻 R，求 R_{ix}。

③若将阻抗 Z 更换为电容 C，求 C_{ix}。

【解】① $\begin{cases} Z_{ix} = \dfrac{U_x}{I_x} \\ Z = \dfrac{U_x - \dfrac{U_x \cdot U_y}{10}}{I_x} \end{cases}$；

则 $\dfrac{Z_{ix}}{Z} = \dfrac{U_x}{U_x - \dfrac{U_x \cdot U_y}{10}} = \dfrac{1}{1 - 0.1 U_y}$

由此求出： $Z_{ix} = \dfrac{Z}{1 - 0.1 U_y}$

② 当 Z 用 R 替代时：

$$R_{ix} = \dfrac{R}{1 - 0.1 U_y}$$

输入电压 U_y（0～10 V）变化时， R_{ix} 的阻值的大小可由 U_y 控制。

③ 当 Z 用电容 C 替代时， $Z = \dfrac{1}{\omega C}$

则 $\dfrac{1}{\omega C_{ix}} = \dfrac{1}{(1 - 0.1 U_y) \omega C}$

即 $C_{ix} = (1 - 0.1 U_y) C$， C_{ix} 容量大小可由 U_y 控制。

题 4-17 电路如题图 4-17 所示。

①求题图 4-17(a) 电路的 $\dot{A}_u = \dot{U}_o / \dot{U}_i$ 并画出 $\dot{A}_u$ 的幅频特性波特图。

②若在图(a)电路中插入模拟乘法器构成图(b)电路，再求 $\dot{A}_u = \dot{U}_o / U_i$ 并证明其截止频率压控可调。

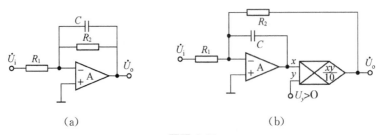

题图 4-17

【解】① 图(a)中：

$$\dot{A}_u = -\dfrac{\dfrac{R_2 \cdot \dfrac{1}{j\omega C}}{R_2 + \dfrac{1}{j\omega C}}}{R_1} = -\dfrac{R_2}{R_1} \cdot \dfrac{1}{1 + j\omega C R_2} = -\dfrac{R_2}{R_1} \cdot \dfrac{1}{1 + j\dfrac{\omega}{\omega_0}}, \omega_0 = \dfrac{1}{R_2 C}$$

$\dot A_u$ 的幅频特性曲线如下：

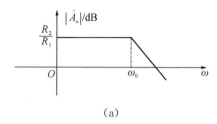

(a)

② 图(b)电路中：

$$\dot U_x = -\left(\frac{\frac{1}{\mathrm{j}\omega C}}{R_1}\cdot \dot U_s + \frac{\frac{1}{\mathrm{j}\omega C}}{R_2}\dot U_o\right), \dot U_o = 0.1\dot U_x \cdot \dot U_y$$

由此解得：

$$\frac{\dot U_o}{0.1 U_y} = -\frac{1}{\mathrm{j}\omega R_1 C}\dot U_s - \frac{1}{\mathrm{j}\omega R_2 C}\dot U_o$$

整理后：

$$\dot U_o\left(\frac{1}{0.1 U_y} + \frac{1}{\mathrm{j}\omega R_2 C}\right) = -\frac{1}{\mathrm{j}\omega R_1 C}\dot U_s$$

可知

$$\dot A_u = \frac{\dot U_o}{\dot U_s} = -\frac{R_2}{R_1}\cdot \frac{1}{1+\mathrm{j}\dfrac{\omega}{U_y \omega_0}}$$

$\dot A_u$ 的幅频特性曲线为：

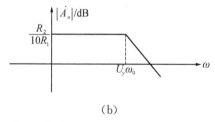

(b)

证明该电路的截止频率受 U_y 控制（压控可调）。

题 4-18 用乘法器实现的自动增益控制电路如题图 4-18 所示。其中，稳压管 $U_Z = 5.5\ \mathrm{V}$，$U_D = 0.5\ \mathrm{V}$。已知 $U_s = 10\sin\omega t\ (\mathrm{V})$ 时，试分析电路的增益调整原理并说明电路的输出电压稳幅值 U_{om} 为多少。

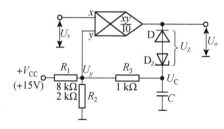

题图 4-18

【解】 静态时：
$$U_y = U_C = V_{CC}\frac{R_2}{R_1+R_2} = 3(\text{V})$$

动态时：$|U_o| > (U_Z + U_C)$ 时稳压管导通

使 $U_C \downarrow \to U_y \downarrow \to U_o = U_s \cdot U_y \downarrow$

所以，在给定条件下输出电压的稳幅值为

$$U_{om} = (U_Z + U_D) + U_C = 6\text{ V} + 3\text{ V} = 9\text{ V}$$

题 4-19 题图 4-19 是 JFET 集成模拟开关芯片 LF13331 的输出级简化原理电路，其中场效应管 J_1 起模拟开关作用。试分析电路的工作原理并说明 J_2、$D_1 \sim D_3$ 起什么作用。

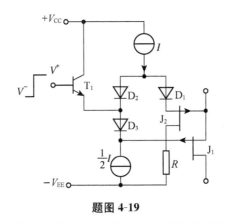

题图 4-19

【答】 一般 JFET 作为模拟开关时(如下图所示)希望其导通电阻 r_{on} 值小，且在被传输电压 u_I 变化时(例如 $u_I = 0\text{ V} \sim 10\text{ V}$) r_{on} 能保持不变，否则将影响模拟电压 u_I 的传输精度 $\left(u_O = u_I \cdot \dfrac{R_L}{r_{on} + R_L}\right)$。为此希望控制电压 u_G 在开关导通时能跟踪 u_I 电压的变化(即 $u_G = u_I$)从而使模拟开关 J_1 导通时始终保持 $u_{GS} = 0\text{ V}$ 不变(即使 r_{on} 最小并保持不变)。题图 4-19 即以此为思路而设计的。其中电流源 I 和 $\dfrac{1}{2}I$、D_1、D_2、D_3 及 J_2 组成模拟开关 J_1 导通时的 u_I 的跟踪电路。其工作原理是：T_1 截止使 J_1 导通，J_1 栅压 u_{G1} 通过 4 个导通的二极管(D_1、D_2、D_3 及 J_2 的源-栅极间 PN 结(正向导通))随 u_I 的变化而浮动，保持 $u_{G1} = u_I$，从而保证了 J_1 导通时的 $u_{GS1} = 0\text{ V}$；T_1 导通时，其基极高电平 V^+ 经发射极使 D_2 截止、D_1 导通，模拟开关 J_1 因 u_{G1} 为高电平而截止。

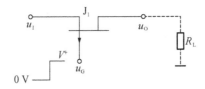

题 4-20 题图 4-20 是为减小模拟开关 S_1 导通电阻 r_{on1} 影响而设计的模拟开关改进电路。

① 求 S_1、S_2 同时接通状态下的电压传递函数表达式；

② 若要抵消导通电阻 r_{on1} 的影响,应满足什么条件?

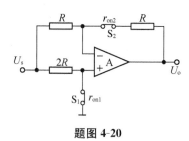

题图 4-20

【解】 ① 据题图可列出：

$$U_s \frac{r_{on1}}{2R+r_{on1}} = U_s + (U_o - U_s)\frac{R}{2R+r_{on2}}$$

解得：

$$\frac{U_o}{U_s} = \frac{2R+r_{on2}}{R}\left(\frac{r_{on1}}{2R+r_{on1}} - \frac{R+r_{on2}}{2R+r_{on2}}\right) = \frac{2R+r_{on2}}{2R+r_{on1}} \cdot \frac{r_{on1}}{R} - 1 - \frac{r_{on2}}{R}$$

② 若满足 $r_{on1} = r_{on2}$ 条件,则：

$$\frac{U_o}{U_s} = -1$$

此时模拟开关导通电阻的影响将被消除。

第 5 章 集成运放内部电路及其性能参数

5.1 内容归纳

1. 集成运放是在线性集成电路设计理念下用集成工艺制作的多级放大器。通常集成运放采用包含差动输入级、共射中间级和共集互补输出级的三级直接耦合级联形式,各级放大电路的偏置则主要由镜像电流源、比例电流源和微电流源电路提供。

2. 差动输入级是运放中最重要的部分,其质量对运放的性能指标影响极大。差动输入级有多种电路形式,它们都具有对称的电路结构,并具有对差模信号放大能力强、对共模信号抑制能力强的共同特点。

3. 表征集成运放器件性能的参数有许多,其中 U_{IO}、$\dfrac{dU_{IO}}{dT}$、I_B、I_{IO}、A_{do}、K_{CMR}、f_T 和 SR 等几种参数尤其重要,它们往往是决定集成运放器件选择的主要依据。

4. 特殊功能的运放是在某些参数上具有特别优良指标的运放。本书中所列举的运放器件都是一些应用极为普遍的运放型号。

5. 在实际应用中当单个运放的性能指标难以满足具体设计要求时,可考虑采用复合结构运放以综合不同运放器件性能参数之所长,获取在整体性能上超越单个运放器件的等效运放。复合结构运放是高性能电路设计的一种有效方法。

5.2 典型例题

【例】 图 5-1(a)是一个由基本差动放大器为输入级的直接耦合放大电路,已知 T_1、T_2 为对管,T_3 的 $U_{BEQ}=-0.3\ V$,其他各管的 $U_{BEQ}=0.7\ V$,且所有三极管的 $\beta=50$。求:

(1) 静态时的输出端电压 U_o;

(2) 电路的差模电压增益 A_{ud}、共模电压增益 A_{uc} 及共模抑制比 K_{CMR};

(3) 电路的差模输入电阻 R_{id} 和输出电阻 R_o。

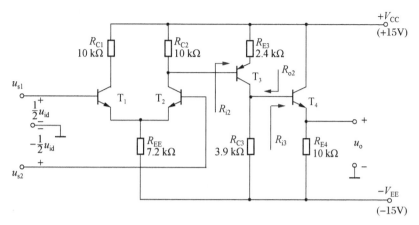

图 5-1(a)　差动放大器电路举例

【解】（1）静态分析

静态时电路的两个输入端电压为零，相当于接地。且已知 T_1、T_2 为对管，所以有

$$I_{C1}=I_{C2}=\frac{V_{EE}-U_{BE1}}{2R_{EE}}=\frac{15\text{ V}-0.7\text{ V}}{2\times 7.2\text{ k}\Omega}\approx 1\text{ mA}$$

忽略各管基极电流 I_B 的影响，可求得

$$I_{E3}=I_{C3}=\frac{I_{C2}\cdot R_{C2}+U_{BE3}}{R_{E3}}=\frac{10\text{ V}-0.3\text{ V}}{2.4\text{ k}\Omega}\approx 4\text{ mA}$$

$$I_{E4}=\frac{I_{C3Q}\cdot R_{C3}-U_{BE4}}{R_{E4}}=\frac{15.6\text{ V}-0.7\text{ V}}{10\text{ k}\Omega}\approx 1.5\text{ mA}$$

$$U_o=I_{E4}\cdot R_{E4}-V_{EE}=0\text{ V}$$

（2）动态增益分析

电路的第一级是差动放大器，其差模及共模信号作用下的交流通路分别如图 5-1(b) 的（ⅰ）（ⅱ）所示。根据静态分析的结果，已知各管静态工作电流后，则可求各管的 r_{be}，运用 $r_{be}=r_{bb'}+(1+\beta)26[\text{mV}]/I_E$，求得各管 r_{be} 分别为：$r_{be1}=r_{be2}\approx 1.53\text{ k}\Omega$，$r_{be3}\approx 0.85\text{ k}\Omega$，$r_{be4}\approx 1.1\text{ k}\Omega$。

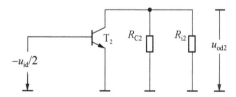
（ⅰ）差模信号作用下电路的交流通路

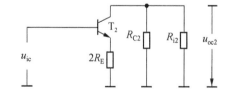
（ⅱ）共模信号作用下电路的等效交流通路

图 5-1(b)　差动输入级的交流通路

首先分析输入级的差模电压增益。图 5-1(b) 中 R_{i2} 是后级放大器的输入阻抗，它相当于是前级放大器的输出端负载电阻。其具体数值可求得为

$$R_{i2} = r_{be3} + (1+\beta_3)R_{E3} = 0.85\text{k}\Omega + 51 \times 2.4\text{ k}\Omega \approx 123\text{ k}\Omega$$

由图 5-1(a)可写出输入级的差模电压增益为

$$A_{ud2} = \frac{u_{od2}}{u_{id}} = \beta_2 \frac{R_{C2}//R_{i2}}{2r_{be2}} = 50 \times \frac{10\text{ k}\Omega//123\text{ k}\Omega}{2 \times 1.53\text{ k}\Omega} \approx 151$$

然后根据图 5-1(b)的(ⅱ)求出输入级的共模电压增益为

$$A_{uc2} = \frac{u_{oc2}}{u_{ic}} = -\frac{\beta_2(R_{C2}//R_{i2})}{r_{be2}+(1+\beta_2)2R_{EE}}$$

$$= -50 \times \frac{10\text{ k}\Omega//123\text{ k}\Omega}{1.53\text{ k}\Omega + 51 \times 2 \times 7.2\text{ k}\Omega} \approx -0.63$$

再求第二、三两级的电压增益。后两级放大电路的交流通路示于图 5-1(c)。

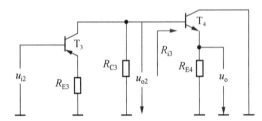

图 5-1(c) 第二、三级放大电路的交流通路

在图 5-1(c)所示交流通路中,R_{i3} 是 T_4 管构成的射极输出器的输入阻抗,它相当于前级 T_3 管放大电路的负载电阻。其数值为

$$R_{i3} = r_{be4} + (1+\beta_4)R_{E4} = 1.1\text{ k}\Omega + 51 \times 10\text{ k}\Omega \approx 511\text{ k}\Omega$$

可求得

$$A_{u2} = \frac{u_{o2}}{u_{i2}} = -\beta_3 \frac{R_{C3}//R_{i3}}{r_{be3}+(1+\beta_3)R_{E3}}$$

$$= -50 \times \frac{3.9\text{ k}\Omega//511\text{ k}\Omega}{0.85\text{ k}\Omega + 51 \times 2.4\text{ k}\Omega} \approx -1.57$$

$$A_{u3} = \frac{u_o}{u_{o2}} = \frac{(1+\beta_4)R_{E4}}{r_{be4}+(1+\beta_4)R_{E4}}$$

$$= \frac{51 \times 10\text{ k}\Omega}{1.1\text{ k}\Omega + 51 \times 10\text{ k}\Omega} \approx 1$$

根据以上求出的各级电压增益,最终求得电路总的差模电压增益 A_{ud}、总的共模电压增益 A_{uc}、K_{CMR} 分别为

$$A_{ud} = \frac{u_o}{u_{id}} = A_{ud2}A_{u2}A_{u3} = 151 \times (-1.57) \times 1 \approx -237$$

$$A_{uc} = \frac{u_o}{u_{ic}} = A_{uc2}A_{u2}A_{u3} = -0.63 \times (-1.57) \times 1 \approx 0.99$$

第 5 章 集成运放内部电路及其性能参数

$$K_{CMR} = |A_{ud}/A_{uc}| = 239.4$$

K_{CMR} 用分贝表示为 $K_{CMR} = 20\lg|A_{ud}/A_{uc}| = 20\lg 239.4 = 47.6 \text{ dB}$。

（3）差模输入电阻及输出电阻分析

据图 5-1 可知，电路的差模输入电阻是两个输入端分别求得的输入电阻之和，即

$$R_{id} = 2r_{be1} = 3.06 \text{ k}\Omega$$

电路的输出电阻即 T_4 管构成的射极输出器的输出电阻，即

$$R_o = R_{E4} // \frac{R_{C3} + r_{be4}}{1 + \beta_4} = 10 \text{ k}\Omega // 0.1 \text{ k}\Omega \approx 0.1 \text{ k}\Omega$$

5.3 习题详解

题 5-1 差动放大器如题图 5-1 所示，T_1、T_2 的 $\beta = 100$。

① 求 T_1、T_2 的静态工作点；
② 画出差模和共模分量的等效电路；
③ 求差模和共模的输入阻抗；
④ 求差模和共模的电压放大倍数；
⑤ 写出输出电压与 U_{s1} 和 U_{s2} 的关系式。

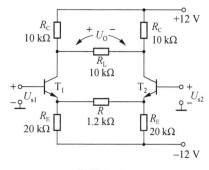

题图 5-1

【解】① 静态时 U_{s1}、U_{s2} 均视为对地短路，且由于差动放大器的对称性 R_L、R 中均无电流。

对于 T_1 管

$$I_{E1} = \frac{-0.6 \text{ V} + 12 \text{ V}}{20 \text{ k}\Omega} = 0.57 \text{ mA}$$

$$I_{B1} = \frac{I_E}{1 + \beta} = \frac{0.57 \text{ mA}}{1 + 100} = 5.64 \text{ μA}$$

$$I_{C1} = \beta I_B = 0.564 \text{ mA}$$

$$U_{CE1} = 12 \text{ V} - I_C \cdot R_C + 0.6 \text{ V} = 6.96 \text{ V}$$

由于电路对称，所以 T_2 管的静态工作点参数与 T_1 管相同。

② 差模及共模信号作用下的等效电路分别如以下图(a)、图(b)所示。

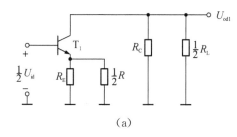

(a)

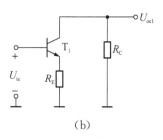

(b)

③ 差模输入电阻为：

$$R_{id}=2\left[r_{be}+(1+\beta)\left(R_E/\!/\frac{1}{2}R\right)\right], r_{be}=300+(1+\beta)\frac{26\text{ mV}}{I_E}=4.91\text{ k}\Omega$$

则
$$R_{id}=2\times[4.91+101\times0.583]=127.5\text{ k}\Omega$$

④ 差模放大倍数为：

$$A_{ud}=\frac{U_{od}}{U_{id}}=-\frac{U_{od1}}{\frac{1}{2}U_{id}}=-2\frac{\beta\left(R_C/\!/\frac{1}{2}R_L\right)}{r_{be}+(1+\beta)\left(R_E/\!/\frac{1}{2}R\right)}=-2\times\frac{100\times3.33}{4.91+101\times0.58}=-10.6$$

共模放大倍数为：

$$A_{uc}=\frac{U_{oc}}{U_{ic}}=0$$

⑤ $$U_o=A_{ud}\cdot U_{id}+A_{uc}\cdot U_{ic}=A_{ud}\cdot(U_{s1}-U_{s2})$$

题 5-2 题图 5-2 中的普通差动放大器(图(a))和复合管差动放大器(图(b))具有相同的 I_o。各管的 β 亦相同，$r_{bb'}$ 可以忽略不计，求(a)、(b)两电路的差模输入电阻 R_{id} 和差模互导增益 A_g。

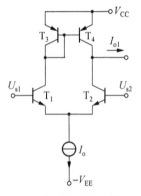
(a) 普通差动放大器

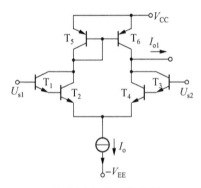
(b) 复合管差动放大器

题图 5-2

【解】 图(a)电路的差模输入电阻为：

$$R_{id}=2r_{be}=2\left(r_{bb'}+(1+\beta)\frac{U_T}{I_E}\right)\approx(1+\beta)\frac{2U_T}{\frac{1}{2}I_o}=(1+\beta)\frac{4U_T}{I_o}$$

$$A_{gd}=\frac{I_{o1}}{U_{id}},\text{ 其中 } I_{o1}=2\frac{U_{id}}{R_{id}}\cdot\beta=\frac{\beta U_{id}}{r_{be}}=\frac{\beta U_{id}}{(1+\beta)2U_T}I_o\approx\frac{I_o}{2U_T}U_{id}$$

则
$$A_{gd}=\frac{I_{o1}}{U_{id}}=\frac{I_o}{2U_T}$$

图(b)电路的差模输入电阻为：

$$R_{id} = 2[r_{be1} + (1+\beta)r_{be2}] = 2\left[\frac{(1+\beta)2U_T}{I_o/(1+\beta)} + (1+\beta)^2 \frac{2U_T}{I_o}\right] = (1+\beta)^2 \frac{8U_T}{I_o}$$

$$A_{gd} = \frac{I_{o1}}{U_{id}}, \text{其中}: I_{o1} = 2\frac{U_{id}}{R_{id}}[\beta_1 + (1+\beta_1)\beta_2] = \frac{2U_{id}(\beta_1 + \beta_2 + \beta_1\beta_2)}{(1+\beta)^2 \cdot 8U_T} I_o \approx \frac{U_{id}}{4U_T} I_o$$

所以
$$A_{gd} = \frac{I_o}{4U_T}$$

题 5-3 判断题图 5-3 中哪些是恒流源电路？哪些是恒压源电路？并估算 R_L 上的电压或电流。

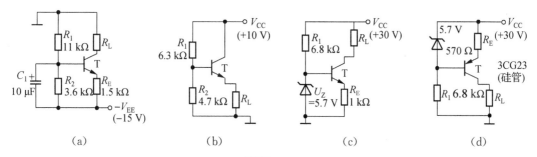

题图 5-3

【解】 图(a)及图(b)均不是恒流源电路,图(c)是恒流源电路,R_L 上的电流为：

$$I_L = \frac{U_Z - U_{BE}}{R_E} = \frac{5.7\text{ V} - 0.7\text{ V}}{1\text{ k}\Omega} = 5\text{ mA}$$

图(d)也是恒流源电路,R_L 上的电流为：

$$I_L = \frac{U_Z - U_{EB}}{R_E} = \frac{5.7\text{ V} - 0.7\text{ V}}{0.57\text{ k}\Omega} = 8.8\text{ mA}$$

题 5-4 题图 5-4 电流源电路中,T_1、T_2 管的 β 相等。分析当 β 分别为 4、30、100 时 I_o 与 I_{REF} 的相对误差。

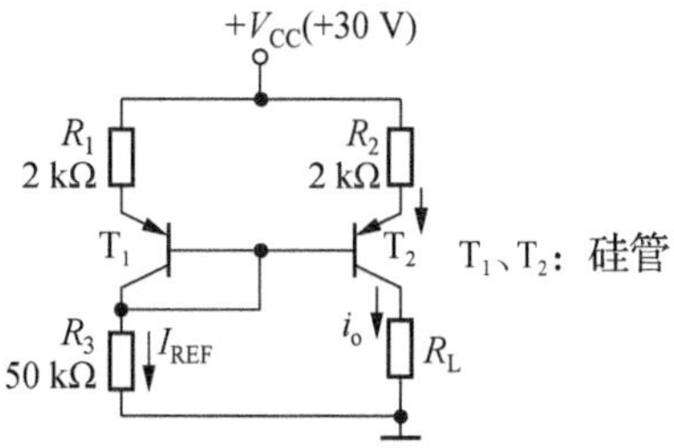

【解】
$$V_{CC} = I_E R_1 + U_{EB} + (I_E + 2I_B)R_3$$
$$= I_E(R_1 + R_3) + \frac{2I_E}{1+\beta}R_3 + U_{EB}$$

题图 5-4

所以
$$I_E = \frac{V_{CC} - U_{EB}}{R_1 + R_3\left(1 + \dfrac{2}{1+\beta}\right)}$$

$$I_o = I_E - I_B = I_E\left(1 - \frac{1}{1+\beta}\right), \quad I_{REF} = I_E + I_B = I_E\left(1 + \frac{1}{1+\beta}\right)$$

当 $\beta = 4$ 时：
$$I_E = \frac{30 - 0.7}{2 + 50 \times \left(1 + \dfrac{2}{5}\right)} = 0.407\text{(mA)}$$

$$I_o = 0.407 \times \left(1 - \frac{1}{5}\right) = 0.326 \text{(mA)}, I_{REF} = 0.407 \times \left(1 + \frac{1}{5}\right) = 0.488 \text{(mA)}$$

则相对误差 $\varepsilon = \pm \dfrac{I_{REF} - I_o}{I_{REF}} \times 100\% = \pm \dfrac{0.488 - 0.326}{0.488} \times 100\% = \pm 33.2\%$。

当 $\beta = 30$ 时,同理可求得:

$$I_E = 0.531 \text{ mA}, I_o = 0.514 \text{ mA}, I_{REF} = 0.548 \text{ mA}, \varepsilon = \pm 6.2\%$$

当 $\beta = 100$ 时,同理可求得:

$$I_E = 0.553 \text{ mA}, I_o = 0.548 \text{ mA}, I_{REF} = 0.558 \text{ mA}, \varepsilon = \pm 1.8\%$$

题 5-5 设计一个如题图 5-5 所示的微电流源电路。已知 T_1、T_2 管的 $\beta_1 = \beta_2 = \beta = 60$,要求 $I_o = 10 \text{ }\mu\text{A}$。求 $R_E = ?$

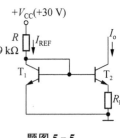

题图 5-5

【解】
$$I_o = I_{C2} = \frac{U_{BE1} - U_{BE2}}{R_E},$$

又据 Ebers-Moll 方程:

$$\left. \begin{aligned} i_C &= \alpha I_{ES} \cdot (e^{u_{BE}/U_T} - 1) \approx \alpha I_{ES} \cdot e^{u_{BE}/U_T} \\ u_{BE} &= U_T \cdot \ln \frac{i_C}{\alpha I_{ES}} \end{aligned} \right\}$$

列出

$$U_{BE} = U_T \ln \frac{I_C}{\alpha I_{ES}}$$

可得

$$U_{BE1} - U_{BE2} = U_T \ln \frac{I_{C1}}{I_{C2}}$$

即

$$I_{C2} = \frac{U_T}{R_E} \ln \frac{I_{C1}}{I_{C2}}$$

$$I_{C1} \approx I_{REF} = \frac{V_{CC} - 0.7 \text{ V}}{39 \text{ k}\Omega} = 0.75 \text{ mA}$$

当 $I_o = 10 \text{ }\mu\text{A}$ 时,可写出:

$$10 \text{ }\mu\text{A} = \frac{2.6 \text{ mV}}{R_E} \ln \frac{0.75 \times 10^3 \text{ }\mu\text{A}}{10 \text{ }\mu\text{A}}$$

由此求得:

$$R_E = 1.1 \text{ k}\Omega$$

题 5-6 典型集成运放电流偏置电路如题图 5-6 所示。已知 T_1、T_2、T_3 的 β 大,且 $I_{C1} = 100 \text{ }\mu\text{A}$。问:$R = ?$,$I_{C3} = ?$

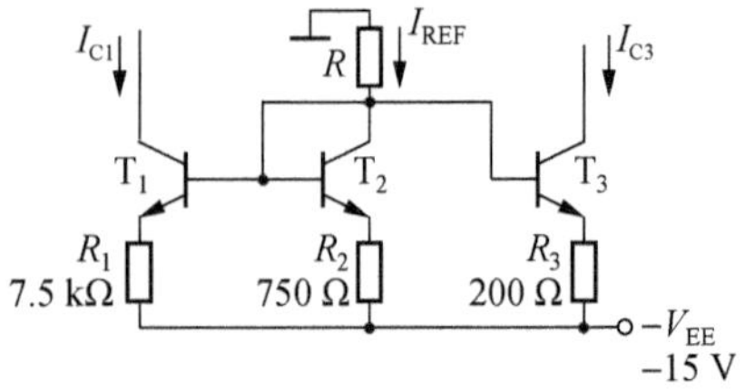

【解】 因为各管 β 大,所以 I_B 均忽略不计。可写出:

$$I_{C1} = \frac{I_{REF} \cdot R_2}{R_1}$$

题图 5-6

求得
$$I_{REF} = \frac{R_1}{R_2} I_{C1} = 1 \text{ mA}$$

于是
$$I_{C3} = I_o = \frac{I_{REF} \cdot R_2}{R_3} = 3.75 \text{ mA}$$

$$R = \frac{V_{EE} - 0.7 \text{ V}}{I_{REF}} - R_2 = 13.6 \text{ k}\Omega$$

题 5-7 题图 5-7 是一个用差动放大器组成的振幅调制电路,设各管的 β 均为 100。
① 求各管的静态工作点;
② 设 $e_1 = 10\sin2\pi 10\,000t$ mV, $e_2 = 2\sin2\pi 100t$ V,画出输出电压的波形。

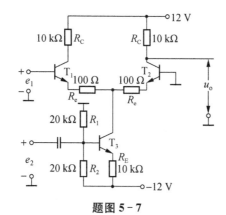

题图 5-7

【解】 ①
$$I_{C3} = \frac{6 \text{ V} - 0.7 \text{ V}}{10 \text{ k}\Omega} = 0.53 \text{ mA}$$

$$I_{B3} = \frac{0.53 \text{ mA}}{100} = 5.3 \text{ μA}$$

$$U_{CE3} = -0.7 \text{ V} - 0.265 \text{ mA} \times 0.1 \text{ k}\Omega + 6.7 \text{ V}$$
$$= 5.97 \text{ V}$$

$$I_{C1} = I_{C2} = \frac{1}{2} I_{C3} = 0.265 \text{ mA}, I_{B1} = I_{B2} = \frac{I_{C1}}{\beta} = 2.65 \text{ μA}$$

$$U_{CE1} = U_{CE2} = 12 \text{ V} - 0.265 \text{ mA} \times 10 \text{ k}\Omega + 0.7 \text{ V} \approx 10 \text{ V}$$

② 用迭加原理求解 e_1, e_2 单独作用时的 A_{u1} 及 A_{u2}:

$$A_{u1} = \frac{u_o}{e_1} = \frac{1}{2} \frac{\beta R_C}{r_{be1} + (1+\beta) R_e} = 24.6$$

其中
$$r_{be1} = r_{be2} = 300 + 101 \times \frac{26 \text{ mV}}{0.265 \text{ mA}} = 10.2 \text{ k}\Omega$$

$$A_{u2} = \frac{u_o}{e_2} = -\frac{\beta R_{i2}}{r_{be3} + (1+\beta) R_E} \cdot \frac{\beta \cdot R_C}{r_{be2}} \cdot \frac{r_{be2}/(1+\beta)}{R_e + r_{be2}/(1+\beta)} = -0.48$$

其中：
$$r_{be3}=300+(1+\beta)\frac{26 \text{ mV}}{0.53 \text{ mA}}=5.26 \text{ k}\Omega, R_{i2}=\frac{1}{2}\left(R_e+\frac{r_{be2}}{1+\beta}\right)=0.1 \text{ k}\Omega$$

则
$$u_o=A_{u1} \cdot e_1+A_{u2}e_2$$

u_o 的波形示意图如下(在 e_1 信号上迭加 e_2，相当于将噪声信号 e_1 调制到输入信号 e_2 上去)。其中，静态输出电压 $u_{C2}=12 \text{ V}-I_{C1} \cdot R_C=12 \text{ V}-0.265 \text{ mA}\times10 \text{ k}\Omega=9.4 \text{ V}$。

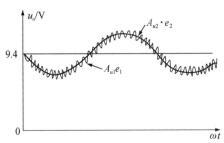

题 5-8 ① 画出题图 5-8 电路的简化原理电路；
② 设各管的 $\beta=100$，求静态时使 $U_o=0$ V 的 R_5 值；
③ 求差模电压放大倍数 A_u；
④ 求差模输入电阻和输出电阻。

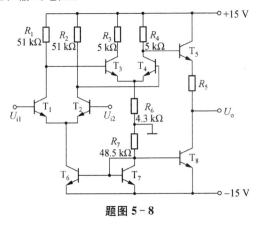

题图 5-8

【解】 ① 简化原理电路如下图所示。

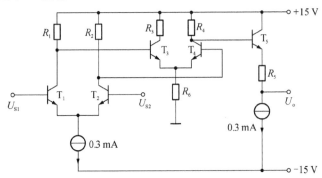

② $I_{C7}=I_{C6}=I_{C8}=\dfrac{15\text{ V}-0.7\text{ V}}{48.5\text{ k}\Omega}=0.3\text{ mA}, U_{C1}=U_{C2}=V_{CC}-\dfrac{1}{2}I_{C6}\cdot R_1=7.35\text{ V}$

$$I_{C3}=I_{C4}=\dfrac{1}{2}\dfrac{U_{C1}-0.7\text{ V}}{R_6}=0.77\text{ mA}, U_{C4}=15\text{ V}-I_{C4}\cdot R_4=11.15\text{ V}$$

因为 $\qquad U_{C4}-0.7\text{ V}-I_{C8}R_5=0\text{ V}$

所以 $\qquad R_5=\dfrac{11.15\text{ V}-0.7\text{ V}}{0.3\text{ mA}}=34.8\text{ k}\Omega$

$$A_{ud}=\dfrac{U_o}{U_{s1}-U_{s2}}$$
$$=-\dfrac{\beta[R_1/\!/r_{be3}]}{r_{be1}}\cdot\dfrac{\beta\cdot[R_4/\!/[r_{be5}+(1+\beta)(R_5+r_{ce8})]]}{2\cdot r_{be3}}\cdot\dfrac{(1+\beta)r_{ce8}}{r_{be5}+(1+\beta)(R_5+r_{ce8})}$$

其中：

$$r_{be1}=r_{be2}=300+101\times\dfrac{26}{0.15}=17.8\text{(k}\Omega\text{)}, r_{be3}=r_{be4}=300+101\times\dfrac{26}{0.77}=3.71\text{(k}\Omega\text{)}$$

$$r_{be5}=300+101\times\dfrac{26}{0.3}=9.1\text{ k}\Omega, r_{ce8}=\dfrac{V_A+U_{CE8}}{I_{C8}}=\dfrac{50\text{ V}+15\text{ V}}{0.3\text{ mA}}=217\text{ k}\Omega$$

求得：

$$A_{ud}=\dfrac{U_o}{U_{s1}-U_{s2}}=-346\times67.4\times0.9=-20\,988.4$$

$$R_{id}=r_{be1}+r_{be2}=2r_{be1}=35.6\text{ k}\Omega$$

$$R_o=\left[\dfrac{R_4+r_{be5}}{1+\beta}+R_5\right]/\!/r_{ce8}=37/\!/217=31.6\text{(k}\Omega\text{)}$$

题 5-9 放大电路如题图 5-9 所示，其中 T_1 与 T_2，T_3 与 T_4，T_5 与 T_6 的参数两两相同。试回答：

① $T_1\sim T_8$ 各管在电路中各起什么作用？

② T_1 和 T_2 的静态漏极电流大约为多大？写出其表达式；

③ 求差模电压放大倍数（设各管的漏极微变电阻为 r_{DS}）。

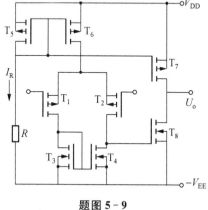

题图 5-9

【答】 ① T_5 与 T_6、T_7 管构成电流源电路，为 T_1、T_2 及 T_8 管提供偏置电流；T_3、T_4 组成镜像电流源，作为 T_1、T_2 组成的差动放大输入级的有源负载，T_8 组成以 T_7 为有源负载的共源极电压放大电路。

② $\begin{cases}I_R=\dfrac{V_{DD}-U_{GS1}+V_{EE}}{R}\\ I_R=K(U_{GS1}-U_T)^2, K=0.3\text{ mA/V}^2\end{cases}$

联立求得可得 I_R 和 U_{GS1},则

$$I_{D1}=I_{D2}=\frac{1}{2}I_R$$

③

$$A_{ud}=A_{u1}\cdot A_{u2},A_{u1}=\frac{1}{2}g_{m1}r_{DS},A_{u2}=-g_{m8}r_{DS}$$

题 5-10 根据题图 5-10 所示电路,回答下列问题:

① 若 T_3 管的集电极 C_3 经 R_F 反馈连接到 B_2 点,判断 B_3 分别连接到 C_1、C_2 时各构成什么类型的反馈电路。

② 在上述连接并构成深度负反馈条件下,若要求 $A_{uf}=10$,求 R_F 的值。

③ 若希望同时减小放大器的输入及输出阻抗,应如何连接电路?

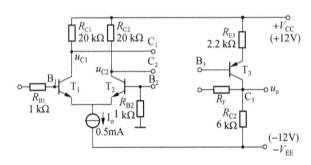

题图 5-10

【答】 ① 当 B_3 与 C_1 连接时构成电压串联负反馈电路;
当 B_3 与 C_2 连接时构成电压串联正反馈电路。

②

$$A_{uf}=\frac{1}{F_u},F_u=\frac{R_{B2}}{R_F+R_{B2}}$$

所以

$$A_{uf}=1+\frac{R_F}{R_{B2}}$$

若 $A_{uf}=10$,求得:$R_F=9R_{B2}=9\ \text{k}\Omega$。

③ 为使放大器的输入及输出阻抗同时减小,应引入电压并联负反馈,将 B_3 与 C_2 相连接,同时将 R_F 与 B_1 点相连接。

题 5-11 题图 5-11 所示放大电路中,设运放 A 的电压增益为 100,其他参数均视同理想运放。各三极管均为硅管,其 $|U_{BE}|=0.6\ \text{V}$,$\beta=100$,$r_{CE}\to\infty$。在图示参数下:

① 为使电路的静态输出电压为零,R_W 的取值应为多大?

② 判断该电路的同相及反相输入端。

③ 试求电路的电压总增益 $A_u=u_o/(u_{i1}-u_{i2})$。

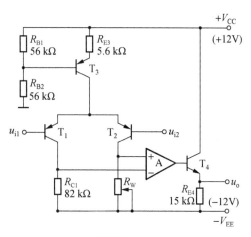

题图 5-11

【解】 ① 应取值 $R_W = R_{C1} = 82\ \text{k}\Omega$。

② u_{i1} 端为同相输入端，u_{i2} 端为反相输入端。

③ $$A_u = A_{u1} \cdot A_{u2} \cdot A_{u3},\quad A_{u1} = \frac{\beta R_{C1}}{r_{be1}},\quad A_{u2} = A_{ud},\quad A_{u3} = 1$$

所以 $$A_u = \frac{u_o}{u_{i1} - u_{i2}} = A_{ud}\frac{\beta R_{C1}}{r_{be1}}$$

题 5-12 一个两级放大电路如题图 5-12 所示，以恒流源式场效应管差动放大电路作前级，PNP 管放大电路作后级。已知 T_1、T_2 参数相同，$g_m = 2\ \text{mS}$，r_{GS}、$r_{DS} \to \infty$；$T_3 \sim T_5$ 的参数为 $\beta_3 = \beta_4 = \beta_5 = 100$，$r_{bb'3} = r_{bb'4} = r_{bb'5} = 300\ \Omega$，$U_{BE3} = -0.2\ \text{V}$，$U_{BE4} = U_{BE5} = 0.6\ \text{V}$。求：

① $U_I = 0$ 时的 U_O 及各管工作电流（设 $I_{B3} \ll I_{D2}$）；

② 放大电路的 A_u、R_i 和 R_o。

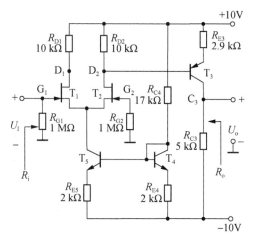

题图 5-12

【解】 ① $$I_{D1} = I_{D2} = \frac{1}{2} \times \frac{(20 - 0.6)\ \text{V}}{R_{C4} + R_{E4}} = \frac{1}{2} \times \frac{19.4\ \text{V}}{19\ \text{k}\Omega} = 0.51\ \text{mA}$$

$$I_{C3} = I_{E3} = \frac{I_{D2} \cdot R_{D2} - 0.2 \text{ V}}{R_{E3}} = \frac{4.9 \text{ V}}{2.9 \text{ k}\Omega} = 1.69 \text{ mA}$$

$$U_o = I_{C3} \cdot R_{C3} - 10 \text{ V} = -1.55 \text{ V}$$

② $$A_u = \frac{U_o}{U_i} = A_{u1} \cdot A_{u2}, A_{u1} = \frac{1}{2} g_m \cdot [R_{D2} // (r_{be3} + (1+\beta_3)R_{E3})]$$

$$r_{be3} = 300 + (1+\beta_3)\frac{26}{1.69} = 1.85 (\text{k}\Omega)$$

$$A_{u2} = -\frac{\beta R_{C3}}{r_{be3} + (1+\beta_3)R_{E3}}$$

代入参数求得:

$$A_{u1} = 9.7, A_{u2} = -1.7, A_u = -16.5$$

$$R_i = R_{G1} = 1 \text{ M}\Omega, R_o \approx R_{C3} = 5 \text{ k}\Omega$$

题 5-13 图示电路中，假设 A 为理想运放，三极管的 $U_{BE} = 0.6$ V, $\beta = 50$。

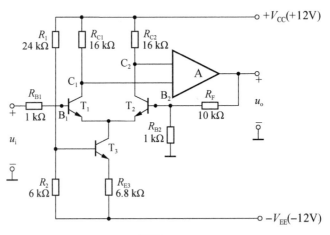

题图 5-13

① 求放大电路的直流工作点(即令 $u_i = u_o = 0$)。

② 要使图中的电路为负反馈，标出运放 A 的同相端与反相端。

③ 判断引入负反馈的类型，并求闭环电压放大倍数。

④ 假设反馈电阻 R_F 的一端断开与基极 B_2 的连接并连接到基极 B_1 处，重新求解①~③。

【解】① $I_{C1} = I_{C2} = \frac{1}{2} I_{C3}, I_{C3} = \left[(V_{CC}+V_{EE})\frac{R_2}{R_1+R_2} - 0.6 \text{ V}\right] / R_{E3} = 0.62 \text{ mA}$

所以 $I_{C1} = I_{C2} = 0.31 \text{ mA}, I_{B1} = I_{B2} = \frac{0.31 \text{ mA}}{\beta} = 6.2 \text{ }\mu\text{A}$

$$U_{CE1} = U_{CE2} = V_{CC} - I_{C1} \cdot R_{C1} + U_{BE1} = 7.64 \text{ V}$$

② 运放应为：与 C_2 连接端为"+"，与 C_1 连接端为"−"。

③ 电路引入的是电压串联负反馈，

$$A_{uf}=\frac{u_o}{u_i}=1+\frac{R_F}{R_{B2}}=11$$

④ 改接后 T_1、T_2 工作点不变，运放"+"、"−"号互易，电路引入的是电压并联负反馈，

$$A_{Rf}=\frac{u_o}{\dot{I}_i}=\frac{1}{F_G}, F_G=-\frac{1}{R_F}$$

于是 $\quad A_{Rf}=\dfrac{u_o}{\dot{I}_i}=-R_F, A_{uf}=\dfrac{u_o}{u_i}=\dfrac{u_o}{\dot{I}_i R_{B1}}=A_{Rf}\cdot\dfrac{1}{R_{B1}}=-\dfrac{R_F}{R_{B1}}=-10$

题 5-14 由 JFET 对管组成的差动放大电路如题图 5-14 所示。已知其中 JFET 对管的 $U_P=-2$ V，$I_{DSS}=1$ mA，$r_d\gg R_d$；BJT 管 T_3 的 $U_{BE}=0.6$ V，$\beta=80$，$r_{ce}=200$ kΩ。

① 求 T_1 和 T_2 的静态工作点。
② 求电路的差模电压放大倍数 $A_{ud}=u_o/(u_{i1}-u_{i2})$。
③ 求若电路改为由 T_2 单端输出（带负载）时的 K_{CMR}。

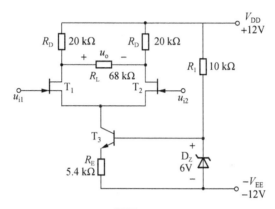

题图 5-14

【解】 ① $I_{D1}=I_{D2}=\dfrac{1}{2}\times\dfrac{6\text{ V}-0.6\text{ V}}{5.4\text{ kΩ}}=0.5$ mA

由 $I_D=I_{DSS}(1-U_{GS}/U_P)^2$ 求出

$$U_{GS1}=U_{GS2}=\left(1-\sqrt{\frac{I_{D1}}{I_{DSS}}}\right)U_P$$

代入各参数得：

$$U_{GS1}=U_{GS2}=\left(1-\sqrt{\frac{0.5}{1}}\right)\times(-2)=-0.59(\text{V})$$

$$U_{DS1}=U_{DS2}=V_{DD}-I_{D1}\cdot R_D-U_{GS1}=2.59(\text{V})$$

② $\quad A_{ud}=-g_m\left[R_D//\dfrac{1}{2}R_L\right]=-8.94$

其中：

$$g_m=\frac{-2I_{DSS}}{U_P}\left(1-\frac{U_{GS}}{U_P}\right)=\frac{-2\times 1}{-2}\times\left(1-\frac{-0.59}{-2}\right)=0.71(\text{mA/V})$$

③

$$K_{CMR} = 20\lg\left|\frac{A_{ud}}{A_{uc}}\right| \text{ (dB)}$$

其中：
$$A_{ud} = -g_m \cdot (R_D /\!/ R_L) = -11$$

求 A_{uc} 的等效电路如右图，其中

$$R_{o3} = r_{ce}\left[1 + \frac{\beta R_E}{r_{be} + R_E}\right] = 11.3 \text{ M}\Omega$$

$$r_{be} = 300 + 81 \times \frac{26 \text{ mV}}{1 \text{ mA}} = 2.4 \text{ k}\Omega$$

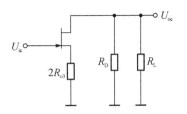

求得：
$$A_{uc} = \frac{U_{oc}}{U_{ic}} = \frac{-g_m \cdot (R_D /\!/ R_L)}{1 + 2g_m R_{o3}} = -\frac{0.71 \times 15.5 \text{ k}\Omega}{1 + 0.71 \times 2 \times 11\,300 \text{ k}\Omega} = -6.85 \times 10^{-4}$$

则
$$K_{CMR} = 20\lg\left|\frac{11}{6.85 \times 10^{-4}}\right| = 20\lg(1.6 \times 10^4) = 84 \text{ dB}$$

题 5-15 采用差动对管提高输入阻抗及开环增益的放大电路如题图 5-15 所示，设各三极管的 β 均为 50，JFET 的 $I_{DSS} = 2$ mA，$U_P = -2$ V。

① $T_1 \sim T_7$ 各管在电路中各起什么作用？
② 求 $T_1 \sim T_7$ 各管的静态工作点参数。
③ 估算整个放大电路的电压放大倍数。

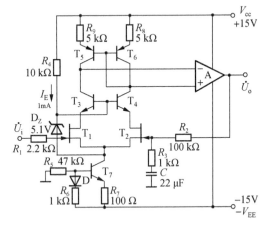

题图 5-15

【解】 ① T_1、T_2 及 T_3、T_4 分别组成以 T_5、T_6 为有源负载的共源-共基组合差动放大器；T_7 管为上述组合放大电路提供电流偏置。

② R_7 两端电压

$$U_{R7} = \frac{V_{EE} - U_D}{R_5 + R_6} \cdot R_6 = \frac{15 - 0.6}{47 + 1} \times 1 = 0.3 \text{ (V)}$$

所以
$$I_{C7} = I_{E7} = \frac{U_{R7}}{R_7} = 3 \text{ mA}$$

$$I_{D1} = I_{D2} = I_{C3} = I_{C4} = I_{C5} = I_{C6} = \frac{1}{2}(I_{C7} - 1 \text{ mA}) = 1 \text{ mA}$$

$$U_{C3} = U_{C4} = V_{CC} - I_{C5}R_8 - 0.6 \text{ V} = 15 \text{ V} - 5 \text{ V} - 0.6 \text{ V} = 9.4 \text{ V}$$

因为
$$I_{D1} = I_{D2} = I_{DSS}\left(1 - \frac{U_{GS}}{U_P}\right)^2,$$

所以
$$U_{GS} = \left(1 - \sqrt{\frac{I_{D1}}{I_{DSS}}}\right)U_P = \left(1 - \sqrt{\frac{1}{2}}\right) \times (-2) = -0.59 \text{ (V)}$$

则
$$U_{D1}=U_{D2}=0.59\text{ V}+5.1\text{ V}-0.6\text{ V}=5.1\text{ V}$$
$$U_{CE3}=U_{CE4}=U_{C3}-U_{D1}=9.4\text{ V}-5.1\text{ V}=4.3\text{ V}$$
$$U_{DS1}=U_{DS2}=5.1\text{ V}-0.59\text{ V}=4.51\text{ V}$$

③ 电路的电压放大倍数为
$$A_{uf}=\frac{\dot{U}_o}{\dot{U}_i}\approx 1+\frac{100\text{ k}\Omega}{1\text{ k}\Omega}=101$$

题 5-16 已知题图 5-16 电路中各三极管均为硅管，$U_{BE}=0.6$ V，$\beta=80$，$r_{ce}=50$ kΩ。试求：

① 各管的静态电流 I_C（各管 I_B 可忽略不计）及静态输出电压 U_O。

② 电路的差模电压放大倍数 $A_{us}=u_o/u_s$。

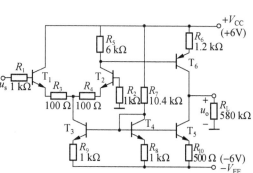

题图 5-16

【解】 ① $U_{R8}=\dfrac{V_{CC}+V_{EE}-0.6\text{ V}}{R_7+R_8}\cdot R_8=1\text{ V}$

$$I_{C3}=\frac{U_{R8}}{R_9}=1\text{ mA},\quad I_{C1}=I_{C2}=\frac{1}{2}I_{C3}=0.5\text{ mA}$$

$$I_{C5}=\frac{U_{R8}}{R_{10}}=2\text{ mA},\quad I_{C6}=\frac{I_{C2}\cdot R_5-0.6\text{ V}}{R_6}=2\text{ mA},\quad U_O=0\text{ V}$$

② $$A_{us}=\frac{u_o}{u_s}=A_{u1}\cdot A_{u2}$$

$$A_{u1}=\frac{1}{2}\frac{\beta\cdot[R_5/\!/(r_{be6}+(1+\beta)R_6)]}{r_{be2}+(1+\beta)R_4}\cdot\frac{r_{be1}+(1+\beta)R_3}{R_1+r_{be1}+(1+\beta)R_3}=16.8$$

其中：
$$r_{be1}=r_{be2}=300+81\times\frac{26}{0.5}=4.5\text{ k}\Omega,\quad r_{be6}=300+81\times\frac{26}{2}=1.4\text{ k}\Omega$$

$$A_{u2}=-\frac{\beta[R_L/\!/R_{o5}]}{r_{be6}+(1+\beta)R_6}=-263.8$$

其中
$$R_{o5}=r_{ce}\left(1+\frac{\beta R_{10}}{r_{be5}+R'_B+R_{10}}\right)=740\text{ k}\Omega,\quad R'_B=R_7/\!/(R_8+r_{be4})/\!/[r_{be3}+(1+\beta)R_9]$$
$$\approx R_8=1\text{ k}\Omega$$

所以 $$A_{us}=A_{u1}\cdot A_{u2}=16.8\times(-263.8)=-4\,432$$

题 5-17 由 μA741 组成的运算电路，输出为幅值 10 V 的正弦电压，试求受转换速率 SR 限制的不失真输出波形的最大信号频率。

【解】 据式 $\omega U_{om}<SR$，查教材"附录 5.2 常用运放参数表"可知 741 型运放的 $SR=$

0.5 V/μs,

所以
$$\omega = 2\pi f < \frac{SR}{U_{om}}$$

代入参数求得：$f_{max} < 7.96$ kHz，即最大不失真输入信号频率为 7.96 kHz。

题 5-18 已知一运放的电路如题图 5-18 所示，其 $A_{do}=105$ dB，$f_T=1.2$ MHz，从 -3 dB 带宽 f_h 到单位增益带宽 f_T 间特性以 -20 dB/十倍频的速率衰减。

① 求 f_h；

② 若频率补偿电容 C 增大 1 倍，求 A_{do}、f_T 和 f_h；

③ 若 I_o 减小到一半，求 A_{do}、f_T 和 f_h。

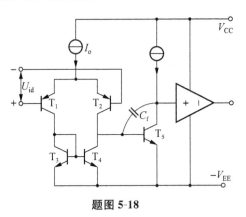

题图 5-18

【解】① 由 $f_h \cdot A_{do} = f_T$

有 $f_h = \frac{f_T}{A_{do}} = \frac{1.2 \text{ MHz}}{105 \text{ dB}} = 6.8$ Hz

② 若补偿电容 C 增大 1 倍，A_{do} 将保持不变，

$$f_T = \frac{I_o}{2C \times 4\pi U_T} = \frac{I_o}{8\pi C U_T}$$

f_T 和 f_h 分别减小为

$$f_T = 600 \text{ kHz}, f_h = \frac{600 \text{ kHz}}{105 \text{ dB}} = 3.4 \text{ Hz}$$

③ 若 I_o 减小到 $\frac{1}{2}I_o$，又因为 $A_{do} \propto I_o$，则 A_{do} 减小为

$$A_{do} = \frac{1}{2} \times 105 \text{ dB} = 52.5 \text{ dB}$$

又由 $f_T \propto I_o$，则 f_T 减小为

$$f_T = \frac{1}{2} \times 1.2 \text{ MHz} = 600 \text{ kHz}$$

对应的
$$f_h = \frac{f_T}{A_{do}} = \frac{600 \text{ kHz}}{52.5 \text{ dB}} = 1.42 \text{ kHz}$$

题 5-19 设用 $SR=0.5$ V/μs 的运放 μA741 组成一个闭环增益为 50 dB 的同相放大器，试画出 0.1 V 阶跃输入电压时的输出波形，并求出输出响应的上限频率 f_H。

【解】因为放大器闭环增益为 50 dB，可知 $20\lg A_u = 50$ dB，求得 $A_u = 10^{2.5} = 316$ 倍。当输入 0.1 V 阶跃信号时，放大器输出限幅为 10 V。

因为 $\omega U_{om} \leq SR$

所以 $\omega \leq \frac{SR}{U_{om}}$

即：
$$2\pi f \leqslant \frac{0.5 \text{ V}/\mu\text{s}}{10 \text{ V}}$$

求得：
$$f_H \leqslant \frac{0.5 \text{ V}/\mu\text{s}}{2\pi \times 10 \text{ V}} = 7.96 \text{ kHz}$$

则允许的最大不失真信号频率为 $f_H = 7.96$ kHz。

输入-输出波形为：

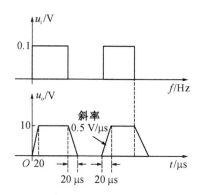

题 5-20 一个同相或反相放大电路在 25 ℃时通过调零电路使输出失调误差电压为零。设该运放的 $\frac{dU_{IO}}{dT}$ 和 $\frac{dI_{IO}}{dT}$ 已知。求此电路在 0~50 ℃温度范围内工作时在输入端产生的最大误差电压。

【解】 在室温($T = 298$ K，相当于 25 ℃)时：

$$\frac{U_{IO}}{T} = 3.4 \text{ }\mu\text{V}/\text{℃}$$

$$\frac{dU_{IO}}{dT} = \frac{U_{IO}}{T} + (0.1 \sim 2.5)[\mu\text{V}/\text{℃}]$$

由此求出在 0 ℃~50 ℃范围，相对 $T = 298$ K(室温 25 ℃)的温度变化量为 ± 25 ℃，产生的失调电压变化量为：

$$\Delta U_{IO} = \pm 25 \text{ ℃} \times 3.4 \text{ }\mu\text{V}/\text{℃} = \pm 85 \text{ }\mu\text{V}$$

另外由 $\frac{dU_{IO}}{dT}$ 产生的最大输入温漂电压为：

$$\Delta U_{IO} = 2.5 \text{ }\mu\text{V}/\text{℃} \times (\pm 25 \text{ ℃}) = \pm 62.5 \text{ }\mu\text{V}$$

所以两者迭加产生的最大输入电压失调量为

$$\Delta U_{IO} = \pm 147.5 \text{ }\mu\text{V}$$

第6章 运算电路的精度及稳定性分析

6.1 内容归纳

1. 受 U_{IO}、I_B、I_{IO} 等静态参数的影响会在输出端产生相加性静态误差,要消除这些误差就需要调零(补偿)。对 U_{IO} 内补偿不仅可以消除 U_{IO} 产生的误差,还可以消除大部分的 $\dfrac{dU_{IO}}{dT}$ 产生的误差。为了消除 I_B 产生的误差,应使 $R_3 = R_2 /\!/ R_1$。在反馈网络为低阻的情况下,I_{IO} 产生的误差可以不必考虑。

失调电压的温漂 $\dfrac{dU_{IO}}{dT}$ 是一个比 U_{IO} 更重要的参数。人们可以用调零的方法将 U_{IO} 产生的输出误差完全消除,但不能完全消除 $\dfrac{dU_{IO}}{dT}$ 产生的误差,当温度变化,由于 $\dfrac{dU_{IO}}{dT}$ 将产生新的失调电压误差。

2. $\dot{A}_d$、$\dot{K}_{CMR}$、Z_{id}、Z_o 等运放动态参数会产生相乘性误差,使运算电路的增益发生改变。考虑动态参数影响的负反馈电路闭环增益的一般形式为

$$\dot{A} = \left(\dot{A}_\infty + \dfrac{\dot{A}_0}{\dot{A}_d \dot{F}_u}\right) \dfrac{\dot{A}_d \dot{F}_u}{1 + \dot{A}_d \dot{F}_u}$$

式中 $\dot{A}_0$ 是正馈增益,它是 $A_d = 0$ 时信号通过反馈网络正向馈送到输出端的增益。除极少数电路(如高速并联负反馈电路)外,正馈的效应都可忽略,即 $\dot{A}_\infty \gg \dot{A}_0/(\dot{A}_0 \dot{F}_u)$ 由此得到闭环增益的实用形式为

$$\dot{A} = \dot{A}_\infty \dfrac{\dot{A}_d \dot{F}_u}{1 + \dot{A}_d \dot{F}_u}$$

对于并联反馈电路 $\qquad \dot{A}_\infty = \dot{A}_I$

对于串联反馈电路

$$\dot{A}_\infty = \dot{A}_I \left(1 + \dfrac{1}{\dot{K}_{CMR}}\right)$$

3. 负反馈系统的稳定性完全取决于在切割频率 f_c 处的相位裕度 φ_m 的大小。如果已知运放的两个极点频率 f_{P1}、f_{P2} 以及切割频率 f_c,φ_m 可以方便地计算出来。

4. 一般的运放具有两个有意义的极点频率,补偿的目的就是拉大这两个极点频率的间距,以保证一定的低频环路增益 $A_{do}F_u$ 下,闭环的相位裕度 φ_m 大于某一规定的数值。

5. 负反馈系统稳定性补偿的方法可分为两类,一类作用于运放内部电路;另一类作用于反馈网络。作用于运放内部电路的补偿有电容补偿(滞后补偿)、极点-零点补偿(滞后-超前补偿)、密勒补偿等方法。电容补偿是通过压低主极点频率来拉开两个极点间的间距;极点-零点补偿是通过压低主极点并插入零点对消次极点的方法来拉开两个极点间的间距;密勒补偿则是主要作用于次极点的一种极点-零点补偿方法,通过自动产生与极点对消的零点来拉开两个极点间间距。作用于反馈网络的频率补偿主要针对运放输入或输出端容性电抗所产生的极点,目的是消除这类新增极点对系统稳定性造成的影响。

6. 对非纯电阻反馈网络的运算电路,频域分析是重要的分析方法之一,通过频域分析可为优化电路参数设计提供重要依据。

7. 运放器件的极点频率中,通常主极点为中间级电路产生转折频率 f_{P2},在具有 f_{P2} 和 f_{P1} 两个极点的二阶运算电路中,如果使切割频率 f_c 满足 $f_c > 10 f_{P2}$ 且 $0.1 f_{P1} < f_c < 10 f_{P1}$ 的条件,则次极点 f_{P1} 对电路的相位裕度 φ_m 及输出响应特性产生的影响是可控的。

8. 稳定裕度优良的电路系统要求的相位裕度为:$\varphi_m \geqslant 60°$,可接受的最低相位裕度为:$\varphi_m = 45°$。一个相位裕度不足的负反馈电路系统在时域中表现为阶跃响应的超调,在频域中表现为切割频率(上限截止频率)处的频带峰起。超调量 Y_P 和谐振峰 M_r 与相位裕度 φ_m 的大小成反比,即 φ_m 直接决定时域特性中的超调量 Y_P 和频域特性的谐振峰 M_r,它们的大小可根据表 6.1(教材 230 页)中的 φ_m 值直接查出。

9. 判断电路系统稳定性的实用工程方法是用示波器观察电路系统的输出阶跃响应,只要量出相对超调量 Y_P 的大小,就可推知 φ_m 及系统稳定的情况。

10. 精度、速度和稳定性分析是电子技术应用能力的三大支撑要素,三者之间既有区别又有内在的联系。时域中的高速与频域中的宽带是同一个问题在不同域内的表现,而带宽的过度增加又将使电路系统的稳定裕度降低。在运算电路的实际应用中应综合考虑信号处理的精度、速度及对电路输出响应及稳定裕度的要求,使电路设计及参数选取达到最优化。

6.2 典型例题

【例1】 设同相放大器中,$Z_1 = 10 \text{ k}\Omega$,$Z_2 = 100 \text{ k}\Omega$,运放的 $Z_{id} = 2 \text{ M}\Omega$,$Z_o = 75 \text{ }\Omega$,$A_d = 5 \times 10^4$,求 $\dfrac{\dot{A}_0}{\dot{A}_d \dot{F}_u \dot{A}_\infty}$ 值。

【解】 将已知数值代入下式有

$$\frac{\dot{A}_0}{\dot{A}_d \dot{F}_u \dot{A}_\infty} = \frac{Z_o}{Z_{id} A_d} \cdot \frac{Z_1}{Z_1 + Z_2} = \frac{75}{2\times 10^6 \times 5\times 10^4} \cdot \frac{10 \text{ k}\Omega}{10 \text{ k}\Omega + 100 \text{ k}\Omega} = 6.8\times 10^{-11}$$

【例2】 一个 I/U 转换器中，$Z = 10 \text{ k}\Omega$，运放的参数为：$Z_o = 75 \text{ }\Omega$，$Z_{id} = 2 \text{ M}\Omega$，$A_d = 5\times 10^4$，求 $\dot{A}_0/(\dot{A}_d \dot{F}_u \dot{A}_\infty)$ 的值。

【解】 将给出的 Z、Z_o 和 A_d 值代入下式有

$$\frac{\dot{A}_0}{\dot{A}_d \dot{F}_u \dot{A}_\infty} = -\frac{Z_o}{A_d Z} = -\frac{75}{5\times 10^4 \times 10^4} = -1.5\times 10^{-7}$$

【例3】 设反馈放大器有 3 个极点，它们与切割频率 f_c 的关系为 $f_{P1} = 0.04 f_c$，$f_{P2} = 2.5 f_c$，$f_{P3} = 12 f_c$，求该放大器闭环后的 φ_m。

【解】 极点 f_{P1} 低于 $0.1 f_c$，故在 f_c 处产生的相移 $\varphi_{P1} = -90°$。

极点 f_{P2} 介于 $0.1 f_c$ 和 $10 f_c$ 之间，故在 f_c 处产生的相移为

$$\varphi_{P2} = -45°\left(1 + \lg\frac{f}{f_P}\right) = -45°\left(1 + \lg\frac{1}{2.5}\right) = -27°$$

极点 f_{P3} 高于 $10 f_c$，对 φ_m 无影响。可知

$$\varphi_m = \varphi_{P1} + \varphi_{P2} + 180° = -90° - 27° + 180° = 63°$$

6.3 习题详解

题 6-1 积分电路如题图 6-1 所示。推导由于 U_{IO}、I_B 及 I_{IO} 所引起的输出失调误差电压表达式。

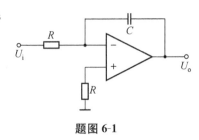

题图 6-1

【解】 采用下图代替题图 6-1 中的运放：

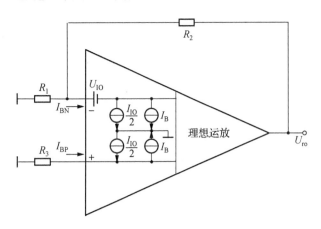

可得到下图

第6章 运算电路的精度及稳定性分析

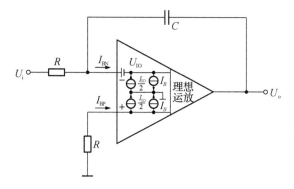

输出失调误差电压 U_ro 可视为 U_IO、I_B、I_IO 单独作用下在输出产生的误差电压之和,其中

$$I_\text{BN}=I_\text{B}-\frac{1}{2}I_\text{IO}, I_\text{BP}=I_\text{B}+\frac{1}{2}I_\text{IO}$$

所以
$$U_\text{ro}=(U_\text{IO}+I_\text{IO}R)+(U_\text{IO}+I_\text{IO}R)\cdot\frac{t}{R\cdot C}$$

题 6-2 微电流测量电路如题图 6-2 所示。
① 求由于 U_IO、I_B 和 I_IO 产生的输出失调误差电压表达式;
② 要减小输出失调误差电压,电路要做哪些修正?

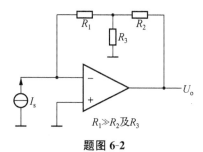

题图 6-2

【解】 ① 为求出 U_IO、I_B 和 I_IO 产生的输出电压误差,对反馈网络电阻作"Y—△"变换,原题图 6-2 改画为:

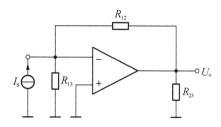

其中:
$$R_{12}=R_1+R_2+\frac{R_1\cdot R_2}{R_3}$$

$$R_{13}=R_1+R_3+\frac{R_1\cdot R_3}{R_2}$$

$$R_{23} = R_2 + R_3 + \frac{R_2 \cdot R_3}{R_1}$$

则
$$U_{ro} = U_{IO} + I_{IO} \cdot R_{12} - I_B \cdot R_{13}$$

② 要减小输出误差电压,应在运放同相端加接 $R_P = R_{13} // R_{12}$,以消除 I_B 的影响。

题 6-3 电路如题图 6-3 所示,其中的运放为 μA741,其 $U_{IO} = 2$ mV, $I_B = 80$ nA, $I_{IO} = 20$ nA。

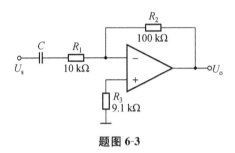

题图 6-3

① 求输出端的输出误差电压 U_{ro} 的最大值。

② 如果要减小 U_{ro},电路应如何改造?

【解】 ① 题图 6-3 电路的静态输出误差电压最大值为 U_{IO}、I_B、I_{IO} 单独作用时输出误差电压之和

$$U_{romax} = U_{IO} + I_{IO} \cdot R_2 + I_B(R_2 - R_3)$$
$$= 2 \text{ mV} + 20 \text{ nA} \times 100 \text{ kΩ} + 80 \text{ nA} \times 90.9 \text{ kΩ} = 11.3 \text{ mV}$$

② 为减小 U_{ro},可取 $R_3 = R_2 = 100$ kΩ,从而消除 I_B 的影响,使输出误差电压降为 $U_{omax} = 4$ mV。

题 6-4 试设计一个用 μA741 构成的电压增益为 40 dB 的同相放大器,电路应包含失调调零部分,并说明调整方法。

【解】 调零电路如下:

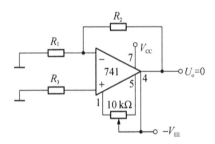

为了避免 I_{IO} 对失调电压补偿的影响,调整时应将同相和反相输入端暂时短接起来,然后调节电位器使输出电压为零。

题 6-5 试推导附录 6.1 中 A、C、F 电路的输出及输入失调误差表达式。

【解】 ① 附录 6.1A 的电路图如下:

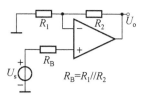

由于 $R_B=R_1//R_2$，所以运放 I_B 的影响被消除，余下 U_{IO} 及 I_{IO} 产生的输出误差电压应是两者单独作用于电路时各自产生的输出误差电压之和，即：

$$U_{ro}=U_{IO}\left(1+\frac{R_2}{R_1}\right)+I_{IO} \cdot R_2$$

将 U_{ro} 除以电路的理想增益 $A_I=A_u=1+\frac{R_2}{R_1}$，折算到电路输入端的误差电压为：

$$U_{ri}=U_{ro}/(1+R_2/R_1)=U_{IO}+I_{IO}\frac{R_1 \cdot R_2}{R_1+R_2}=U_{IO}+I_{IO} \cdot (R_1//R_2)$$

② 附录 6.1C 的电路图如下：

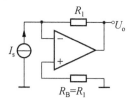

由于运放输入端 $R_B=R_1$，所以因电阻平衡 I_B 的影响被消除。U_{IO} 及 I_{IO} 在电路输出端产生的误差电压为：$U_{ro}=U_{IO}+I_{IO} \cdot R_1$，电路的理想增益 $A_I=A_r=\frac{U_o}{I_s}=-R_1$，所以折算到电路输入端的误差电流为：

$$I_{ri}=\frac{U_{ro}}{A_I}=-\frac{U_{IO}}{R_1}-I_{IO}$$

③ 附录 6.1F 的电路图如下：

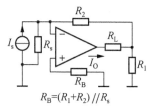

由于运放两个输入端的直流电阻是平衡的，所以 I_B 的影响被消除。U_{IO} 及 I_{IO} 产生的输出误差电流为：

$$I_{ro}=\frac{\left(\dfrac{U_{IO}}{R_s}+I_{IO}\right)R_2+U_{IO}}{R_1}+\left(\frac{U_{IO}}{R_s}+I_{IO}\right)$$

即：
$$I_{ro} = \frac{U_{IO}}{R_1}\left(1 + \frac{R_1+R_2}{R_s}\right) + I_{IO}\left(1 + \frac{R_2}{R_1}\right)$$

又因为
$$I_O \frac{R_1}{R_1+R_2} = -I_s$$

所以理想增益为：
$$A_1 = A_i = \frac{I_O}{I_s} = -\frac{R_1+R_2}{R_1}$$

所以折算到电路输入端的误差电流为：

$$I_{ri} = \frac{I_{ro}}{A_1} = \frac{U_{IO} \cdot \dfrac{R_s+R_1+R_2}{R_1 \cdot R_s} + I_{IO}\dfrac{R_1+R_2}{R_1}}{-\dfrac{R_1+R_2}{R_1}} = -\frac{U_{IO}}{(R_1+R_2)//R_s} - I_{IO}$$

题 6-6 试推导附录 6.1 中 E、H、K 电路的输出及输入失调误差表达式。

【解】① 附录 6.1E 电路图如下：

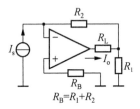

因运放同相输入端电阻 $R_B = R_1 + R_2$，所以 I_B 的影响被消除。
据图得出：

$$I_{ro} = I_{IO} + \frac{U_{IO} + I_{IO} \cdot R_2}{R_1} = \frac{U_{IO}}{R_1} + I_{IO}\left(1 + \frac{R_2}{R_1}\right)$$

又因为
$$-I_O \frac{R_1}{R_1+R_2} = I_s$$

所以理想增益为：
$$A_1 = A_i = \frac{I_o}{I_s} = -\left(1 + \frac{R_2}{R_1}\right)$$

输入误差电流为：
$$I_{ri} = \frac{I_{ro}}{A_1} = -\frac{U_{IO}}{R_1+R_2} - I_{IO}$$

② 附录 6.1H 电路图如下：

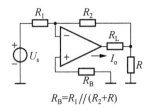

其中 $R_B=R_1/\!/(R_2+R)$，运放已做平衡补偿，故 I_B 的影响被消除。U_{IO} 及 I_{IO} 产生的输出误差电流为：

$$I_{ro}=\frac{\left(\dfrac{U_{IO}}{R_1}+I_{IO}\right)R_2+U_{IO}}{R}+\left(\dfrac{U_{IO}}{R_1}+I_{IO}\right)=\frac{U_{IO}}{R}\left[\left(1+\frac{R_2}{R_1}\right)+\frac{R}{R_1}\right]+I_{IO}\left(1+\frac{R_2}{R}\right)$$

$$=\frac{U_{IO}}{R}\left(1+\frac{R_2+R}{R_1}\right)+I_{IO}\left(1+\frac{R_2}{R}\right)$$

电路的理想增益：

$$A_1=A_g=\frac{I_o}{U_s}$$

因为

$$\frac{U_s}{R_1}+I_o=\frac{-\dfrac{R_2}{R_1}\cdot U_s}{R}$$

所以

$$A_1=A_g=\frac{I_o}{U_s}=-\frac{R+R_2}{R\cdot R_1}$$

由此求得：

$$U_{ri}=\frac{I_{ro}}{A_1}=-U_{IO}\left(1+\frac{R_1}{R+R_2}\right)-I_{IO}\cdot R_1$$

③ 附录 6.1K 电路图如下：

$$R_B=R_o/\!/R_1/\!/R_2/\!/\cdots/\!/R_m=R_o/\!/R_A$$

其中 $R_B=R_o/\!/R_1/\!/R_2/\!/\cdots/\!/R_m$，运放已做平衡补偿，故 I_B 的影响被消除。U_{IO} 及 I_{IO} 产生的输出误差电压为：

$$U_{ro}=U_{IO}+\frac{U_{IO}\cdot R_o}{R_1/\!/R_2/\!/\cdots/\!/R_m}+I_{IO}\cdot R_o$$

$$=U_{IO}\left(1+\frac{R_o}{R_1/\!/R_2/\!/\cdots/\!/R_m}\right)+I_{IO}\cdot R_o=U_{IO}\left(1+\frac{R_o}{R_A}\right)+I_{IO}R_o$$

电路的理想增益为：

$$A_1=A_u=\frac{U_o}{U_i}=-\left(\frac{R_o}{R_1}+\frac{R_o}{R_2}+\cdots+\frac{R_o}{R_m}\right)$$

$$=-R_o/(R_1/\!/R_2/\!/\cdots/\!/R_m)=-\frac{R_o}{R_A}$$

由此求得：

$$U_{ri} = \frac{U_{ro}}{A_I} = \frac{U_{IO}\left(1+\dfrac{R_o}{R_A}\right)+I_{IO}\cdot R_o}{-R_o/R_A} = -U_{IO}\left(\frac{R_o+R_A}{R_o}\right)-I_{IO}R_A$$

$$= -U_{IO}\left(1+\frac{R_A}{R_o}\right)-I_{IO}R_A$$

题 6-7 试推导附录 6.2 中 B、E、F 电路的实际和理想运放条件下的电压反馈系数。

【**解**】 ① 附录 6.2B 的电路图如下：

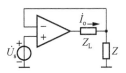

这是电流串联负反馈电路，理想情况下的反馈电压为：

$$\dot{U}_F = \dot{U}_o \cdot \frac{Z}{Z+Z_L}$$

则

$$\dot{F}_u = \frac{\dot{U}_F}{\dot{U}_o} = \frac{Z}{Z+Z_L}$$

实际情况下，求 $\dot{F}_u$ 等效电路为：

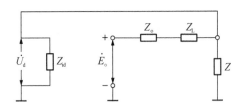

据此求出：

$$\dot{F}_u = \frac{\dot{U}_d}{\dot{E}_o} = \frac{Z//Z_{id}}{Z_o+Z_L+Z//Z_{id}}$$

② 附录 6.2E 的电路图如下：

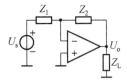

在理想运放条件下的简化电压反馈系数为：

$$\dot{U}_F = \dot{U}_o \frac{Z_1}{Z_1+Z_2}$$

则

$$\dot{F}_u = \frac{\dot{U}_F}{\dot{U}_o} = \frac{Z_1}{Z_1+Z_2}$$

在实际非理想运放情况下，求 $\dot F_u$ 的等效电路为：

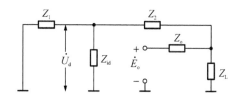

$$\dot U_{\rm d}=\dot E_{\rm o}\frac{Z_2+Z_1/\!/Z_{\rm id}}{Z_{\rm o}+Z_{\rm L}/\!/(Z_2+Z_1/\!/Z_{\rm id})}\cdot\frac{Z_1/\!/Z_{\rm id}}{Z_2+Z_1/\!/Z_{\rm id}}=\dot E_{\rm o}\frac{Z_1/\!/Z_{\rm id}}{Z_{\rm o}+Z_{\rm L}/\!/(Z_2+Z_1/\!/Z_{\rm id})}$$

所以
$$\dot F_u=\frac{\dot U_{\rm d}}{\dot E_{\rm o}}=\frac{Z_1/\!/Z_{\rm id}}{Z_{\rm o}+Z_{\rm L}/\!/(Z_2+Z_1/\!/Z_{\rm id})}$$

③ 附录 6.2F 的电路图及求 F_u 的等效电路分别如下：

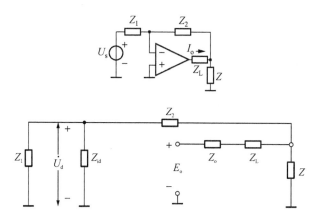

理想运放条件下的 $F_u(Z_{\rm id}\to\infty,Z_{\rm o}=0)$ 为：

$$F_u=\frac{\dot U_{\rm d}}{\dot E_{\rm o}}=\frac{1}{Z_{\rm L}+[Z/\!/(Z_1+Z_2)]}\cdot\frac{Z\cdot Z_1}{Z_1+Z_2+Z}$$

实际情况下的 F_u 为：

$$F_u=\frac{1}{Z_{\rm o}+Z_{\rm L}+[Z/\!/(Z_2+Z_1/\!/Z_{\rm id})]}\cdot\frac{Z(Z_1/\!/Z_{\rm id})}{Z_1/\!/Z_{\rm id}+Z_2+Z}$$

题 6-8 试推导附录 6.2 中 B、E、F 电路的 $\dot A_\infty$ 表达式。

【解】 ① 附录 6.2B 求 $\dot A_\infty$ 的等效电路为：

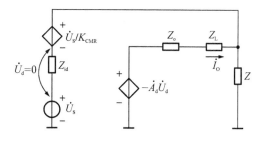

由于 $\dot{U}_d \to 0$，即 Z_{id} 支路中的电流 $\to 0$

$$\dot{A}_\infty = \frac{\dot{I}_o}{\dot{U}_s}\bigg|_{\dot{A}_d \to \infty} = \left(1 + \frac{1}{K_{CMR}}\right) \cdot \frac{1}{Z} = \left(1 + \frac{1}{K_{CMR}}\right)\dot{A}_I$$

② 附录 6.2E 求 $\dot{A}_\infty$ 的等效电路为：

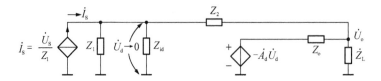

由于 $\dot{U}_d \to 0$，所以有：

$$\dot{U}_s + \frac{\dot{U}_o - \dot{U}_s}{Z_1 + Z_2} \cdot Z_1 = 0$$

即

$$\dot{A}_\infty = \frac{\dot{U}_o}{\dot{I}_s}\bigg|_{\dot{A}_d \to \infty} = -Z_2$$

③ 附录 6.2F 求 $\dot{A}_\infty$ 的等效电路为：

据图可得：

$$\frac{-I_s Z_2}{Z} - \dot{I}_s = \dot{I}_o$$

所以

$$-\dot{I}_s\left(1 + \frac{Z_2}{Z}\right) = \dot{I}_o$$

即

$$-\frac{\dot{U}_s}{Z_1}\left(1 + \frac{Z_2}{Z}\right) = \dot{I}_o$$

所以

$$\dot{A}_\infty = \frac{\dot{I}_o}{\dot{U}_s}\bigg|_{\dot{A}_d \to \infty} = -\frac{1}{Z_1}\left(1 + \frac{Z_2}{Z}\right)$$

题 6-9 证明附录 6.2 中电路 B 的 $\dot{A}_\infty$ 为

$$\dot{A}_\infty = \frac{\dot{I}_o}{\dot{U}_s}\bigg|_{\dot{A}_d \to \infty} = \left(1 + \frac{1}{\dot{K}_{CMR}}\right)\frac{1}{Z} = \left(1 + \frac{1}{\dot{K}_{CMR}}\right)\dot{A}_I$$

【证】 附录 6.2B 求 $\dot{A}_\infty$ 的等效电路为：

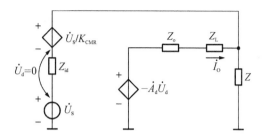

据图可列出：

$$\dot{I}_o = \left(1 + \frac{1}{K_{CMR}}\right)\frac{\dot{U}_s}{Z}$$

则

$$\dot{A}_\infty = \frac{\dot{I}_o}{\dot{U}_s}\bigg|_{\dot{A}_d \to \infty} = \frac{\dot{I}_o}{\dot{U}_s} = \frac{1}{Z}\left(1 + \frac{1}{K_{CMR}}\right) = A_I\left(1 + \frac{1}{K_{CMR}}\right)$$

题 6-10 4～20 mA 电压/电流变换器电路及参数如题图 6-10 所示。

① 判断运放 A 处于什么工作状态（线性或非线性）。

② 在图中所示的元件参数下，求输出电流与输入电压 u_I 的关系。

③ 求对应 $I_O = 4 \sim 20$ mA 的输入电压允许范围。

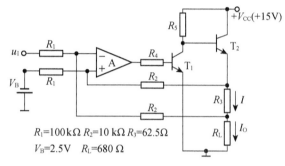

题图 6-10

【解】 ① 题图 6-10 电路中通过 R_2 引入两路反馈，其中引入运放同相输入端的是电流串联负反馈，引入运放反相输入端的是电压并联正反馈。正反馈支路的电压反馈系数为

$$F_{uN} = I_O R_L \cdot \frac{R_1}{R_1 + R_2}$$

负反馈支路的电压反馈系数为

$$F_{uP} = (\dot{I}_O \cdot R_L + \dot{I} \cdot R_3)\frac{R_1}{R_1 + R_2}$$

由于 $F_{uP} > F_{uN}$，表明负反馈强于正反馈，由此判断，整个电路将工作在线性状态。

② 线性工作状态下，运放的输入端可视作"虚短接"（$u_P = u_N$），由此列出以下方程：

$$\begin{cases} \dfrac{u_I - u_N}{R_1} \cdot R_2 = \dfrac{-V_B - u_P}{R_1} \cdot R_2 + I \cdot R_3 & \text{①} \\ I = I_O - \dfrac{u_I - u_N}{R_1}, (u_N = u_P) & \text{②} \end{cases}$$

又因为

$$\frac{u_N - I_O R_L}{R_2} = \frac{u_I - u_N}{R_1}$$

即：

$$u_N = \frac{R_2}{R_1 + R_2} u_I + \frac{R_1 R_L}{R_1 + R_2} I_O \qquad \text{③}$$

将③式及②式代入①式,得到

$$u_1 = I_O \frac{R_1 R_3 (R_1+R_2+R_L)}{R_1 R_2 + R_2^2 + R_1 R_3} - V_B \frac{R_1 R_2 + R_2^2}{R_1 R_2 + R_2^2 + R_1 R_3} = 0.625 I_O - 0.99 V_B \qquad ④$$

代入 $I_O = 4 \sim 20$ mA 可确定对应的输入电压范围,即:$u_1 = 0$ V ~ 10 V。

题 6-11 题图 6-11 运放差动运算电路中,$R_1 = R_3 = 10$ kΩ,$R_2 = R_4 = 100$ kΩ。并设电路的静态误差可忽略不计。

① 设运放为理想器件时,求:$A_{u1} = u_o/(u_{s1}-u_{s2})$;

② 若采用的 741 型运放($A_{do} = 3 \times 10^4$, $K_{CMR} = 80$ dB, $Z_{id} = 50$ kΩ, $Z_o = 200$ Ω),求:$A_{uf} = u_o/(u_{s1}-u_{s2})$;

③ 若运放采用 OP-07($A_{do} = 3 \times 10^5$, $K_{CMR} = 120$ dB, $Z_{id} = 10$ MΩ,$R_o = 200$ Ω),求:$A_{uf} = u_o/(u_{s1}-u_{s2})$;

④ 分别求出以上两种情况下电压增益的误差。

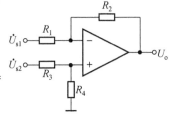

题图 6-11

【解】 ① 运放为理想器件情况下,求得:

$$u_o = -\frac{R_2}{R_1} u_{s1} + u_{s2} \frac{R_4}{R_3+R_4} \cdot \left(1+\frac{R_2}{R_1}\right) = -\frac{R_2}{R_1}(u_{s1}-u_{s2})$$

所以

$$A_{u1} = \frac{u_o}{u_{s1}-u_{s2}} = -\frac{R_2}{R_1}$$

在运放为非理想件情况下:

当 u_{s1} 单独作用时,求 F_{u1} 及 $A_{\infty 1}$ 的等效电路分别如下:

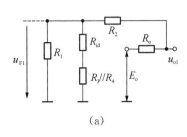

(a)

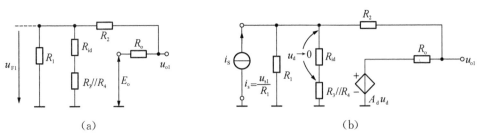

(b)

$$F_{u1} = \frac{u_{F1}}{E_o} = \frac{R_1//(R_{id}+R_3//R_4)}{R_o+R_2+[R_1//(R_{id}+R_3//R_4)]}, \quad A_{\infty 1} = \frac{u_{o1}}{I_s}\bigg|_{A_d \to \infty} = -R_2$$

由此求得:

$$A_{u1} = \frac{u_{o1}}{u_{s1}} = \frac{1}{R_1} \cdot A_{\infty 1} \cdot \frac{A_d F_{u1}}{1+A_d F_{u1}} = -\frac{R_2}{R_1} \cdot \frac{A_d F_{u1}}{1+A_d F_{u1}}$$

$$u_{o1} = A_{u1} \cdot u_{s1}$$

当 u_{s2} 单独作用时,求 F_{u2} 及 $A_{\infty 2}$ 的等效电路分别如下:

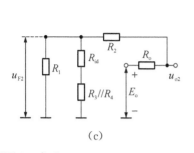
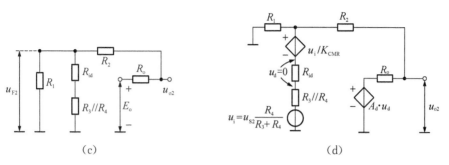

(c) (d)

据图(c)求出：

$$F_{u2}=\frac{u_{F2}}{E_o}=\frac{R_1//(R_{id}+R_3//R_4)}{R_o+R_2+R_1//(R_{id}+R_3//R_4)}$$

据图(d)可知：

由于 $A_d\to\infty$, $u_d=0$,所以 R_{id} 及 $R_3//R_4$ 上没有电压降(因为支路电流为 0),可列出：

$$u_{o2}\cdot\frac{R_1}{R_1+R_2}=u_i\left(1+\frac{1}{K_{CMR}}\right)$$

所以

$$A_{\infty2}=\frac{u_{o2}}{u_i}\bigg|_{A_d\to\infty}=\left(1+\frac{R_2}{R_1}\right)\left(1+\frac{1}{K_{CMR}}\right)$$

$$A_{u2}=\frac{u_{o2}}{u_i}=A_{\infty2}\frac{A_dF_{u2}}{1+A_dF_{u2}},\ u_{o2}=A_{u2}u_i=A_{u2}\cdot\frac{R_4}{R_3+R_4}u_{s2}$$

差动放大器总的输出电压为：

$$u_o=u_{o1}+u_{o2}=A_{u1}u_{s1}+A_{u2}\frac{R_4}{R_3+R_4}u_{s2}$$

② 当运放采用 741 型时,将各电阻阻值及运放参数代入上式得到：

$$u_o=-9.996(u_{s1}-u_{s2})$$

所以

$$A_{uf}=\frac{u_o}{u_{s1}-u_{s2}}=-9.996$$

③ 当运放采用 OP-07 时,将各电阻阻值及运放参数代入公式,得到：

$$u_o=-9.9996(u_{s1}-u_{s2})$$

则

$$A_u=\frac{u_o}{u_{s1}-u_{s2}}=-9.9996$$

④ 采用 741 型及 OP-07 型运放时的增益误差分别为：

741 型与理想运放比较, A_u 的相对误差为

$$\varepsilon=\frac{-9.996+10}{-10}\times100\%=-4\times10^{-4}\times100\%=-0.04\%$$

OP07 型与理想运放比较, A_u 的相对误差为

$$\varepsilon=\frac{-9.9996+10}{-10}=-4\times10^{-5}\times100\%=-0.04\text{‰}$$

题 6-12 设运放具有两个极点 f_{P1}、f_{P2}，其中 f_{P2} 为主极点。求在保证 $\varphi_m = 45°$ 时所构成的负反馈电路的直流环路增益 $A_{do}F_u$ 的表达式。

【解】 按题意应有切割频率 $f_c = f_{P1}$，由此画出 $|\dot{A}_d\dot{F}_u|$ 的幅频特性如右图所示：

故有：
$$|\dot{A}_d\dot{F}_u| = \frac{A_{do} \cdot F_u}{\left(1+j\dfrac{f}{f_{P2}}\right) \cdot \left(1+j\dfrac{f}{f_{P1}}\right)}$$

题 6-13 在例题 6.3.2（见教材）的电路参数下，求用主极点补偿法达到全补偿时的 C_f 值及补偿后的主极点频率 f'_{P2}。

【解】 按题意，在作主极点补偿后，应能使运放的单位增益带宽为：$f_{P1} = 1$ MHz，所以对应的原主极点 $f_{P2} = 100$ kHz 应前移至 $f'_{P2} = 100$ Hz 处（按幅频特性曲线 -20 dB/十倍频换算应前移 3 个十倍频程），如右图所示：

因为
$$f_{P2} = \frac{1}{2\pi RC_2} = 100 \text{ kHz}$$

$$f'_{P2} = \frac{1}{2\pi R(C_2+C_f)} = 100 \text{ Hz}$$

所以补偿电容 $\quad C_f + C_2 = 1\,000 C_2$

即 $\quad C_f = 999 C_2 \approx 5\,000$ pF

题 6-14 试证明：极点-零点补偿中，在极点与零点对消的条件下，当 $f > f''_{P2}$ 后，补偿前、后的运放总幅频特性互相重合，如题图 6-14 所示。

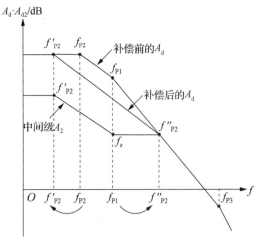

题图 6-14

【证】 极点-零点补偿前后运放幅频特性改变如题图 6-14 所示。在补偿支路满足 $R_2 \gg R_f$、$C_f \gg C_2$ 条件下，中间级在整个频率范围将产生两个极点和一个零点，分别是 $f'_{P2} = \dfrac{1}{2\pi(R_2+R_f)C_f}$，$f''_{P2} = \dfrac{1}{2\pi R_f C_2}$，$f_z = \dfrac{1}{2\pi R_f C_f}$，且 $f'_{P2} < f_z < f''_{P2}$，如下图所示。

运放总增益的频率特性为：

$$\dot{A}_d = \frac{A_{do} \cdot (1+jf/f_z)}{(1+jf/f'_{P2})(1+jf/f_{P1})(1+jf/f''_{P2})}$$

合理选取 R_f 及 C_f 参数使 $f_z = f_{P1}$，则在 $f_{P1} \sim f''_{P2}$ 频段上 f_{P1} 极点与 f_z 零点的影响相叠加，使 f_{P1} 的影响被 f_z 对消。但当 $f > f''_{P2}$ 后，f_{P1} 极点的影响将重新显现，并与 f''_{P2} 极点的影响相叠加产生 -40 dB/十倍频的衰减，则在幅频特性曲线上表现为补偿前后两条衰减曲线在 f''_{P2} 处相重叠。

题 6-15 已知运放的特性为

$$\dot{A}_u = \frac{10^5}{\left(1+j\dfrac{f}{f_1}\right)\left(1+j\dfrac{f}{f_2}\right)\left(1+j\dfrac{f}{f_3}\right)}$$

其中 $f_1 = 100$ Hz，$f_2 = 100$ kHz，$f_3 = 1$ MHz，由它组成的负反馈电路的电压反馈系数 $F_u = 0.1$。

① 试判断电路是否会产生自激振荡；

② 如果要保证 $\varphi_m = 45°$ 并采用主极点补偿，求 f_1 的频率应前移多少？

【解】 根据运放的特性表达式画出幅频特性曲线如右图：

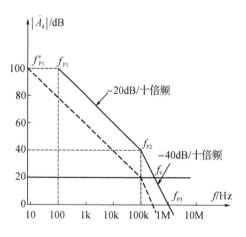

① 由于切割频率 f_c 高于 f_{P2}，f_c 处的附加相移为：

$$\varphi_P = \varphi_{P1} + \varphi_{P2}$$

其中，因为

$$f_c > 10 f_{P1}$$

所以

$$\varphi_{P1} = -90°$$

$$\varphi_{P2} = -45°\left(1+\lg\dfrac{f_c}{f_{P2}}\right) = -45°(1+\lg 5) = -76.5°$$

所以 f_c 处的 $\varphi_P = -166.5°$，对应的相位裕度为：

$$\varphi_m = \varphi_P + 180° = 14.5° < 45°$$

所以电路不能稳定工作，可能产生自激振荡。

② 为使 $\varphi_m=45°$,若采用主极点补偿应将 f_{P1} 前移十倍频程至 $f'_{P1}=10$ Hz,使切割频率 $f_c=f_{P2}=100$ kHz,如上图虚线所示。

题 6-16 在例题 6.3.2 的电路参数下,求用极点-零点补偿法达到全补偿的 C_f 和 R_f 值,以及补偿后的 f''_{P2} 和 f'_{P2}。

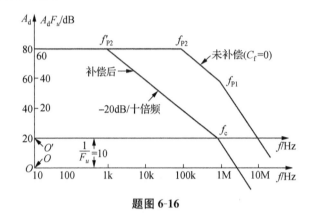

题图 6-16

【**解**】 对题图电路实施极点-零点补偿,并达到全补偿要求须满足以下条件:

① 补偿后,$f''_{P2}=\dfrac{1}{2\pi R_f C_2}$ 处的 $|\dot{A}_d|=0$ dB,即

$$f''_{P2}=10^4 f'_{P2}=\dfrac{10^4}{2\pi(R_2+R_f)C_2}$$

②

$$f_z=f_{P1}$$

即

$$\dfrac{1}{2\pi R_f \cdot C_f}=1 \text{ MHz}$$

全补偿情况下有

$$f_c=f''_{p2}=\dfrac{1}{2\pi R_f C_2}$$

则

$$R_f=\dfrac{1}{2\pi f_c C_2}$$

其中 f_c 从下图所示幅频特性曲线图中得出

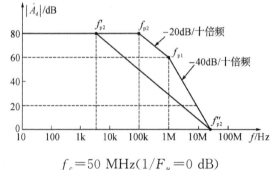

$$f_c=50 \text{ MHz}(1/F_u=0 \text{ dB})$$

求得

$$R_f=\dfrac{1}{2\pi \times 5 \times 10^7 \times 5 \times 10^{-12}}=637(\Omega)(取 R_f=640 \ \Omega)$$

又由 $f_z = f_{P1} = \dfrac{1}{2\pi R_f C_f} = 1$ MHz,求得

$$C_f = \dfrac{1}{2\pi f_{P1} R_f} = \dfrac{1}{2\pi \times 10^6 \times 640} = 249 \text{(pF)} \text{(取 } C_f = 250 \text{ pF)}$$

再作图求出:全补偿后的 $f'_{P2} = 5$ kHz,$f''_{P2} = 50$ MHz。

题 6-17 设用运放 μA748(一种外接补偿元件的 μA741 运放)组成的同相放大器,如果要求幅频特性的谐振峰 M_r 为 0.3 dB,此时的相位裕度 φ_m 应为多少?如果 C_1 是一个 5~45 pF 的微调电容,用什么简便的方法可以把 C_1 调到恰当的数值?

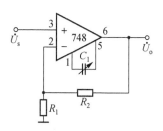

题图 6-17

【解】 查下表可知:

表 6-1 φ_m 与 M_r、Y_P、ζ 的关系

相位裕度 φ_m/(°)	谐振峰 M_r/dB	相对超调量 Y_P/%	阻尼系数 ζ
90	—	—	∞
85	—	—	1.687
80	—	—	1.182
75	—	0.0	0.949
70	—	1.4	0.803
65	0.0	4.7	0.697
60	0.3	3.8	0.612
55	0.8	13.3	0.541
50	1.5	18.1	0.478
45	2.3	23.3	0.420
40	3.3	28.9	0.367
35	4.4	35.0	0.317
30	5.7	41.6	0.269
25	7.3	48.9	0.222
20	9.2	56.9	0.176
15	11.7	65.9	0.132
10	15.2	75.9	0.087
5	21.2	87.2	0.044
0	∞	100	0

谐振峰 $M_r = 0.3$ dB 对应的相位裕度 $\varphi_m = 60°$,相对超调量 $Y_P = 3.8\%$。调整 C_1 的简便方法是在电路输入端加方波信号,用示波器观察电路的输出波形,调节 C_1 使输出方波响应的超调量小于 3.8% 即可。

题 6-18　一个快速数据采集系统由采样/保持器 S/H、多路模拟开关 M、放大器 A 和 12 位高速 A/D 转换器组成，如题图 6-18 所示。设运放为全补偿型 LFT356，$f_{P2}=f_T=4$ MHz。作用到运放输入端的是阶跃电压信号。如果要使通道切换后运放输出信号的振荡幅度衰减到稳定值的 $\dfrac{1}{10^4}$，求变换起动信号至少要迟后于通道切换信号多少微秒。

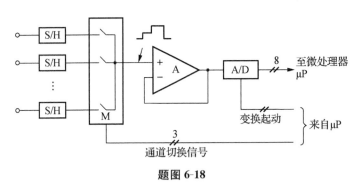

题图 6-18

【解】 $U_o = U_s(1-e^{-\frac{t}{\tau}})$，全补偿条件下有 $f_T = f_{P2} = \dfrac{1}{2\pi\tau}$，

所以
$$\tau = \frac{1}{2\pi f_T} = \frac{1}{2\pi \times 4 \times 10^6}$$

求得 $\tau = 40$ ns。据题意要求当 $e^{-\frac{t}{\tau}} < 10^{-4}$ 时，求得对应的 t 即为启动变换应迟后于通道切换信号的最小时间。

因为
$$-\frac{t}{\tau} < \ln 10^{-4}$$

所以
$$t > -\tau \times \ln 10^{-4}$$

即
$$t > 0.4 \ \mu s$$

第 7 章 波形产生与整形电路

7.1 内容归纳

1. 正弦波振荡器是由放大器、选频网络、反馈网络和稳幅环节四个部分组成。维持振荡器持续振荡(等幅振荡)的条件是 $\dot{A}\dot{F}=1$。

2. 根据选频网络性质的不同,正弦波振荡器可分为 RC 振荡器、LC 振荡器、石英晶体振荡器等不同大类,每一大类又可具有若干种电路实现形式。一般 RC 振荡器适用于产生中、低频正弦波振荡信号;LC 振荡器适用于产生中、高频正弦波振荡信号;石英晶体振荡器的振荡频率由石英晶体元件本身决定并具有很高的频率稳定性。

3. 电压比较器是产生方波、三角波、锯齿波等非正弦信号的主要电路部件。集成运放作为电压比较器使用时必须对输出电压采取限幅措施,工作速度不如集成电压比较器高。集成电压比较器的输出电平通常设计成与数字逻辑电平兼容,因此可作为接口电路直接驱动数字电路工作。

4. 555 定时器也是内含电压比较器的一种功能器件。用它可构成脉冲产生与整形等各种形式的应用电路。555 定时器的工作电压范围为 5~18 V,输出驱动电流大,输出电平能直接驱动 TTL 电路工作。

5. 施密特触发器是一种具有迟滞回差特性的电压比较器,回差电压的大小可根据需要灵活设定。施密特触发器的主要特点是可以将输入缓慢变化的电压信号转换为边沿陡峭的输出电压波形,并具有较强的抗干扰能力。

6. 本章介绍的单稳态触发器电路,方波、三角波、锯齿波等非正弦信号产生电路均以电压比较器及定时元件为核心要素,或由 555 电路接上适当的定时元件构成。单稳态触发器广泛应用于定时、延时、波形整形等电路中。非正弦信号发生器没有选频网络,其振荡周期、频率、电压幅度等均可根据三要素分析法求出。

7.2 习题详解

题 7-1 电路如题图 7-1 所示,试用相位平衡条件判断下列电路是否可能产生正弦振荡,并说明理由。

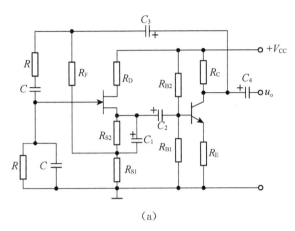
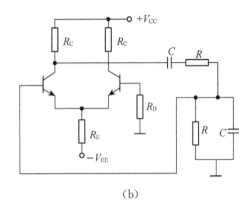

(a)   (b)

题图 7-1

【答】 由相位平衡条件判断,图(a)电路能够产生正弦波振荡,因为 $\varphi_A=2\pi$,$\varphi_F=0$,$\varphi_{AF}=\varphi_A+\varphi_F=2\pi$,满足相位平衡条件;图(b)电路不能产生正弦波振荡,因为其 $\varphi_A=\pi$,$\varphi_F<\pi\left(-\frac{1}{2}\pi\sim+\frac{1}{2}\pi\right)$,$\varphi_{AF}<2\pi$ 不满足相位平衡条件。

题 7-2 电路如题图 7-2 所示。
① 判断电路是否满足相位平衡条件?
② 分析电路参数能否满足起振条件?
③ 为使电路产生正弦振荡,应如何调整电路参数? 电路的振荡频率 $f_0=$?
④ 如果要求改善输出波形、减小非线性失真,应如何调整参数?

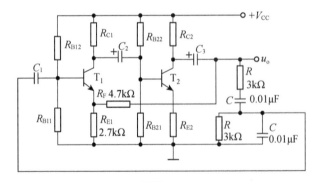

题图 7-2

【答】 ① 图示电路的 $\varphi_A=2\pi$,$\varphi_F=0$ 时满足相位平衡条件,可能产生正弦振荡。

② $\varphi_F=0$ 时,RC 串并联反馈网络的 $|F_u|=\frac{1}{3}$,放大器的电压放大倍数为:$A_{uf}=1+R_F/R_{E1}=1+4.7/2.7=2.74$,因为 $|A_{uf}\cdot F_u|<1$,不满足起振条件。

③ 欲使电路振荡,应增大 R_F 或减小 R_{E1},使 $A_{uf}>3$,振荡频率为:

$$f_0=\frac{1}{2\pi RC}=\frac{1}{2\pi\times 3\times 10^3\times 0.01\times 10^{-6}}=5.3\text{ kHz}$$

④ 为减小非线性失真，可在放大器负反馈网络中采用热敏电阻，即使用正温度系数的 R_{E1} 或负温度系数的 R_F。

题 7-3 如把题图 7-3(a)所示的文氏电桥振荡器中 Z_1 改由 R、L、C 串联支路组成，Z_2 改为电阻 R_3，电路即如题图 7-3(b)所示，试分析：
① 两种振荡器电路工作原理有何异同？
② 为保证图(b)电路起振，R_1/R_2 的比值应如何确定？
③ 写出两种振荡电路的振荡频率 f_0 的表达式。

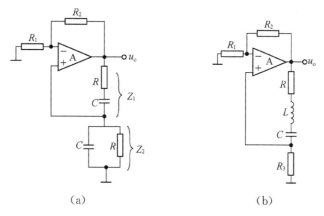

题图 7-3

【答】 ① 两者都能满足相位平衡条件，但前者为 RC 振荡器，后者为 LC 振荡器。

② 图(b)电路中 RLC 支路发生串联谐振时 $F_u = \dfrac{R_3}{R+R_3}$，为满足起振条件应使 $|A_{uf} \cdot F_u| > 1$，要求 $\dfrac{R_2}{R_1} > \left(1 - \dfrac{R_3}{R+R_3}\right)$，即：$\dfrac{R_2}{R_1} > \dfrac{R}{R+R_3}$。

③ 图(a)电路的振荡频率为：$f_0 = \dfrac{1}{2\pi RC}$；图(b)电路的振频率为：$f_0 = \dfrac{1}{2\pi\sqrt{LC}}$。

题 7-4 试用相位平衡条件判断题图 7-4 所示电路哪个可能振荡，哪个不能，说明理由。

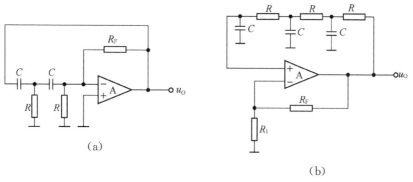

题图 7-4

【答】 图(a)电路 $\varphi_A = \pi$，$0 < \varphi_F < \pi$（$f \to \infty$ 时 $\varphi_F = \pi$），$\varphi_{AF} < 2\pi$，所以不满足相位平衡条

件,不能振荡。

图(b)电路 $\varphi_A=0°$,$0°<\varphi_F<270°$,所以不满足 $\varphi_{AF}=2n\pi(n=0,1,2,\cdots)$ 相位平衡条件,不能振荡。

题 7-5 判断下列电路是否可能产生正弦波振荡,若不能,请予修改。并说明分别属于哪一类振荡电路。

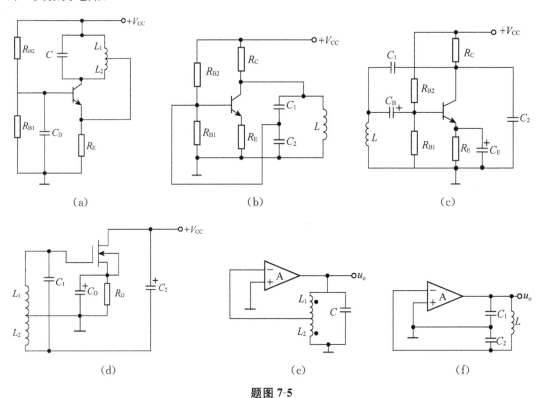

题图 7-5

【答】 图(a)不能振荡,因为三极管的直流工作点参数 $U_{CE}=0$。应修改如下图。

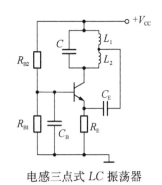

电感三点式 LC 振荡器

图(b)电路相位条件不平衡,且直流偏置不合理($U_C=0$),应修改如下图。

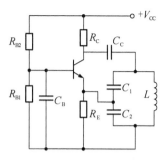

电容三点式 LC 振荡器

图(c)电路可以产生振荡,是电容三点式 LC 振荡器。

图(d)电路不能振荡,因放大器偏置有错,应修改如下图。

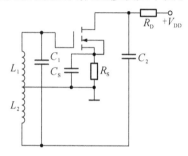

电感三点式 LC 振荡器

图(e)电路不能振荡,因运放输出端直流对地短路,应修改如下图。

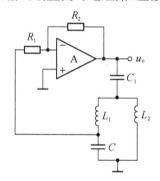

电感三点式 LC 振荡器

图(f)电路能满足相位平衡条件,但易导致振荡波形饱和失真,应修改如下图。

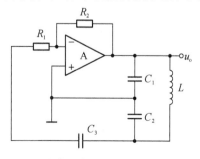

电容三点式 LC 振荡器

题 7-6 欲使题图 7-6 所示电路产生正弦波振荡，试标出各变压器原、副方绕组的同名端。

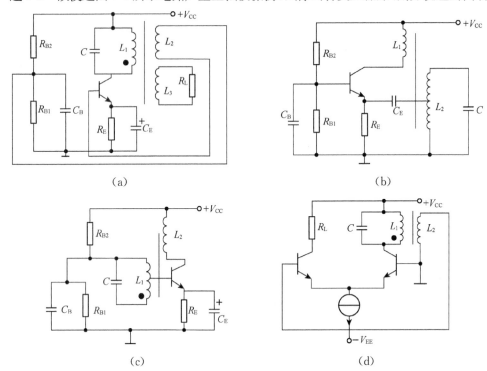

题图 7-6

【解】 各电路同名端标注如下：

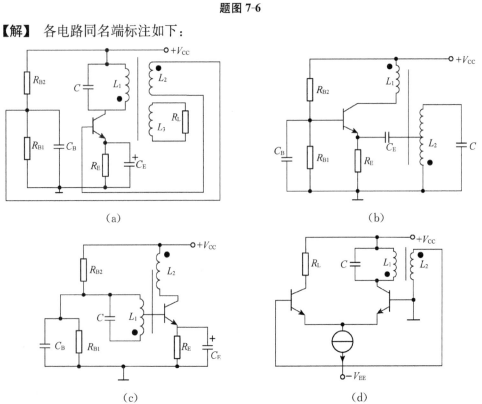

题 7-7 题图 7-7 是收音机中常用的振荡器电路。

① 说明三个电容 C_1、C_2、C_3 在电路中分别起什么作用。

② 指出该振荡器所属的类型,标出振荡器线圈原、副方绕组的同名端。

③ 已知 $C_3 = 100 \text{ pF}$,若要使振荡频率为 700 kHz,谐振回路的电感 L 应为多大?

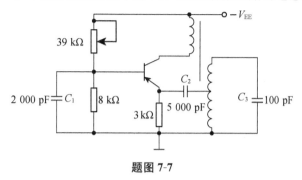

题图 7-7

【解】 ① C_1 是旁路电容,C_2 是耦合电容,C_3 与变压器互感电感构成 LC 并联电路。

② 同名端标示如图:

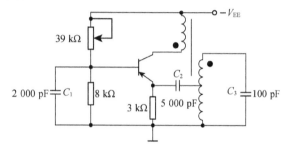

③ 因为
$$f_0 = \frac{1}{2\pi\sqrt{LC_3}}$$

所以
$$L = \left(\frac{1}{2\pi f_0 \sqrt{C_3}}\right)^2 = \left(\frac{1}{2\pi \times 700 \times 10^3 \times \sqrt{100 \times 10^{-12}}}\right)^2$$
$$= 5.17 \times 10^{-4} \text{ H} = 0.517 \text{(mH)}$$

题 7-8 在题图 7-8 中

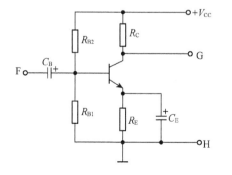 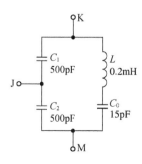

题图 7-8

① 将图中左右两部分正确地连接起来,使之能够产生正弦波振荡。
② 估算振荡频率 f_0。
③ 如果电容 C_0 短路,此时 $f_0=$?

【解】 ① 电路联接方法是:K—G,J—H,M—F 或 M—G,K—F,J—H。
② 振荡频率为:
$$f_0 = \frac{1}{2\pi\sqrt{LC}}$$
其中
$$C = \frac{1}{\frac{1}{C_0} + \frac{1}{C_1} + \frac{1}{C_2}} = 14.15(\text{pF})$$
则
$$f_0 = \frac{1}{2\pi \times \sqrt{0.2 \times 10^{-3} \times 14.15 \times 10^{-12}}} = 3(\text{MHz})$$
③ 若 C_0 短路,则:
$$C = \frac{C_1 C_2}{C_1 + C_2} = 250 \text{ pF}$$
于是
$$f_0 = \frac{1}{2\pi\sqrt{LC}} = 0.71 \text{ MHz}$$

题 7-9 判断下列电路中石英晶体起何作用,处于串联谐振还是并联谐振状态?

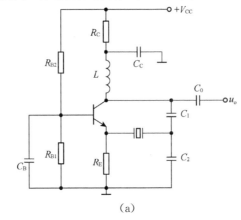

(a)

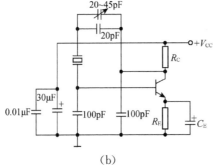

(b)   (c)

题图 7-9

【解】 图(a)电路中 L、C_1、C_2 构成电容三点式 LC 电路,石英晶体工作在串联谐振状态,呈纯电阻性质。

图(b)电路中石英晶体处于并联谐振状态起电感作用,构成电容三点式振荡电路。

图(c)电路中石英晶体处于并联谐振状态起电感作用,图中 LC_1 并联电路处于失谐状态,总体电抗呈容性,与石英晶体及 R_{B1} 旁并联电容一起组成电容三点式振荡电路。

题 7-10 电容三点式和电感三点式两种振荡电路,哪一种输出的谐波成分小,输出波形好,为什么?

【答】 电容三点式振荡电路中,由于反馈电压取自电容两端,对高次谐波兼具滤波作用,所以振荡输出波形中高次谐波分量小,波形比电感三点式(反馈电压取自电感两端)振荡器好。

题 7-11 试比较 RC 振荡器、LC 振荡器及石英晶体振荡器三种电路各自的特点,并说明哪种电路频率稳定度最高,为什么?

【答】 RC 振荡器的反馈及选频网络由 R、C 元件组成,用于产生低频正弦波振荡信号。

LC 振荡器的反馈及选频网络由 L、C 元件组成,用于产生中、高频正弦波振荡信号。

石英晶体振荡器利用石英晶体的压电谐振特性产生振荡信号,具有极高的频率稳定性。

频率稳定性主要取决于选频网络的 Q 值,RC 振荡器 Q 值较低,LC 选频网络的 Q 值可达几百,石英晶体元件的 Q 值可达数万以上。所以石英晶体振荡器的频率稳定性最高。

题 7-12 在题图 7-12 所示电路中,试画出当 $u_I=10\sin\omega t$ 时,输出 u_O 的波形图,设 $U_Z=\pm 6$ V。

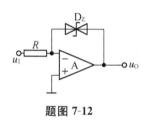

题图 7-12

【答】 题图 7-12 电路的输入、输出波形图如下:

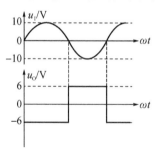

题 7-13 如题图 7-13 所示,设 D_Z 的稳定电压 $U_Z=4$ V,正向电压降 0.6 V,试分析电路的功能,并画出其传输特性。

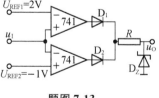

题图 7-13

【解】 当 $u_1<U_{REF2}<U_{REF1}$ 时,D_1 截止、D_2 导通,$u_O=U_Z$;
当 $u_1>U_{REF1}>U_{REF2}$ 时,D_1 导通、D_2 截止,$u_O=U_Z$;
当 $U_{REF1}<u_1<U_{REF2}$ 时,D_1、D_2 均截止,$u_O=0$。

综上分析可知,图示电路具有双门限电压比较功能,是一种窗口比较器,u_1 只有在两个窗口门限电压范围内输出才为低电平(0 V),否则输出高电平(U_Z)。其电压传输特性如下图所示。

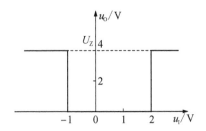

题 7-14 如题图 7-14 所示电路,A_1、A_2 为理想运放,试求:

① 当 $u_I = 1$ V 时,$u_O = ?$ $u_I = 3$ V 时,$u_O = ?$

② 当 $u_I = 5\sin\omega t$ (V)时,画出 u_{O1} 和 u_O 的波形。

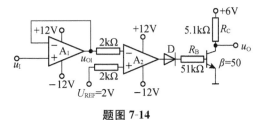

题图 7-14

【解】 ① 当 $u_I = 1$ V 时,A_2 输出正饱和使 D 导通,$u_O = 0.3$ V;当 $u_I = 3$ V 时,A_2 输出负饱和使 D 截止,$u_O = +6$ V。

② u_{O1},u_O 波形如下图所示:

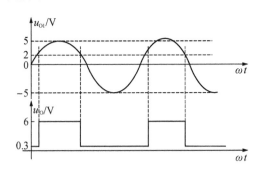

题 7-15 电路如题图 7-15 所示,设 D_Z 的双向限幅值为 ± 6 V。

① 试画出该电路的传输特性。

② 如果输入信号 u_I 波形如图(b)所示,试画出输出电压 $u_O(t)$ 的波形。

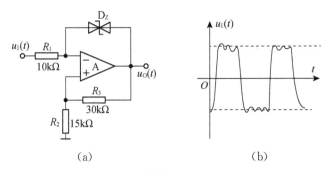

题图 7-15

【解】 ① 根据虚断、虚短特征,$u_+ = u_-$,所以 $u_{R3} = \pm U_Z$。

$$u_O = \frac{R_2+R_3}{R_3} \cdot (\pm U_Z) = \pm \frac{15+30}{30} \times 6 = \pm 9(\text{V})$$

当 $u_O = +9$ V 时,$u_+ = 3$ V,$U_{T+} = 3$ V;

当 $u_I > U_{T+}$ 时,u_O 从 $+9$ V 翻转为 -9 V;

当 $u_O = -9$ V 时,$u_+ = -3$ V,$U_{T+} = -3$ V;

当 $u_I < U_{T-}$ 时,u_O 从 -9 V 翻转为 $+9$ V。

传输特性如图(a)所示。

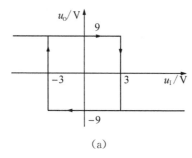

(a)

② 输出电压波形如图(b)所示。

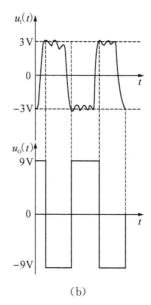

(b)

题 7-16 电路如题图 7-16 所示,如果 5 脚所接的外加电压 $U_V = 5$ V,试求该电路的回差电压 $\Delta U_T = ?$

【解】 555 定时器的电路框图如下图(a)(b)所示,当 5 脚悬空时,该电路为一个典型的施密特触发器,其翻转电压分别为 $U_{T+} = 2V_{CC}/3$,$U_{T-} = V_{CC}/3$,回差 $\Delta U_T = V_{CC}/3$。

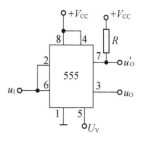

题图 7-16

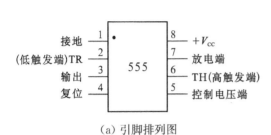
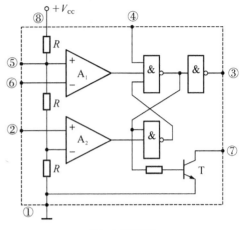

(a) 引脚排列图 (b) 电路框图

而当 5 脚外接 $U_V=5$ V 时,其翻转电压变成了 $U_{T+}=5$ V,$U_{T-}\doteq U_{T+}/2=2.5$ V,$\Delta U_T=2.5$ V。

题 7-17 由 555 定时器构成的单稳态触发器如题图 7-17 所示。已知:$R=10$ kΩ,$C=1$ μF,求输出高电平持续的时间。

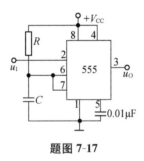

题图 7-17

【解】 该电路为由 555 集成定时器构成的单稳态触发器,各点波形如下图(a)、(b)所示。

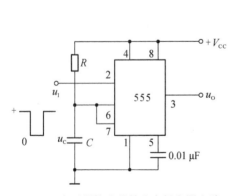
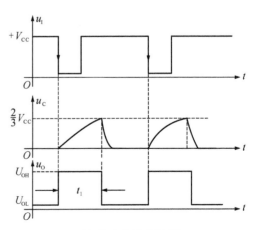

(a) 555 定时器构成的单稳态触发器电路   (b) 输入和输出波形

利用一阶 RC 充放电回路的三要素法：
$$u_C(t)=u_C(\infty)+[u_C(0^+)-u_C(\infty)]e^{-t/\tau}$$

其中，$\quad u_C(0^+)=0, u_C(\infty)=V_{CC}, u_C(t_1)=\dfrac{2}{3}V_{CC}, \tau=RC$

可得 $\quad t_1=RC\ln3=1.1RC=1.1\times10\times10^3\times10^{-6}=11\times10^{-3}(\text{s})=11\text{ ms}$

即高电平(暂态)持续时间为 11 ms。

题 7-18 题图 7-18 所示电路为 555 定时器构成的矩形波振荡电路，其主要参数如图所示。试求出它的振荡频率，并画出 u_O、u_C 的波形图。

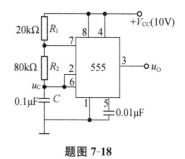

题图 7-18

【解】 利用一阶 RC 充放电回路的三要素法：
$$u_C(t)=u_C(\infty)+[u_C(0^+)-u_C(\infty)]e^{-t/\tau}$$

充电时
$$u_C(0^+)=\dfrac{1}{3}V_{CC}, u_C(\infty)=V_{CC}, u_C(t_1)=\dfrac{2}{3}V_{CC}$$
$$\tau=(R_1+R_2)C$$

得到 $\quad t_1=0.69(R_1+R_2)C$

放电时
$$u_C(0^+)=\dfrac{2}{3}V_{CC}, u_C(\infty)=0, u_C(t_2)=\dfrac{1}{3}V_{CC}, \tau=R_2C$$

得到 $\quad t_2=0.69R_2C$

从而得到
$$f=\dfrac{1}{T}=\dfrac{1}{t_1+t_2}=\dfrac{1.45}{(R_1+2R_2)C}=\dfrac{1.45}{(20+2\times80)\times10^3\times0.1\times10^{-6}}\approx81(\text{Hz})$$

输出波形如下图所示。

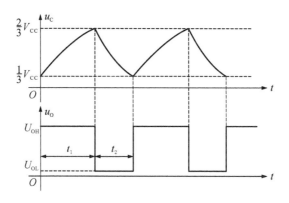

题 7-19 题图 7-19 所示为矩形波输出占空比可调的振荡器，试分析其输出占空比决定于哪些参数。若要求占空比为 50%，则这些参数应如何选择？该振荡器频率应如何计算？

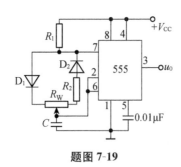

题图 7-19

【解】 设 R'_W 为滑动变阻器抽头左侧电阻，R''_W 为抽头右侧电阻，且设图中 D_1、D_2 为理想二极管。

当对电容 C 充电时，充电电流由 $V_{CC} \to R_1 \to D_1 \to R'_W \to C$，由前题分析可知，$t_1 = 0.69(R_1 + R'_W)C$；

当电容 C 放电时，放电电流由 $C \to R''_W \to R_2 \to D_2 \to T$（7 脚对应的三极管）$\to$ 接地，由前题可知，$t_2 = 0.69(R_2 + R''_W)C$。

$$f = \frac{1}{T} = \frac{1}{t_1 + t_2} = \frac{1.45}{(R_1 + R_2 + R_W)C}$$

占空比为

$$\frac{t_1}{T} = \frac{t_1}{t_1 + t_2} = \frac{R_1 + R'_W}{R_1 + R_2 + R_W}$$

改变 R'_W 就可以改变占空比，如果要使占空比为 50%，则有 $t_1 = t_2$，只要 $R_1 + R'_W = R_2 + R''_W$ 即可。

题 7-20 题图 7-20 中，已知电阻 $R = 10 \text{ k}\Omega$，$R_1 = 12 \text{ k}\Omega$，$R_2 = 15 \text{ k}\Omega$，$R_3 = 2 \text{ k}\Omega$，电位器 $R_W = 100 \text{ k}\Omega$，$C = 0.01 \text{ μF}$，$D_Z$ 的稳压值 $U_Z = \pm 6 \text{ V}$。

① 试画出当电位器的滑动端调在中间位置时，输出电压 u_O 和电容电压 u_C 的波形，并计算 u_O 的振荡频率 f；

② 当电位器的滑动端分别调至最上端和最下端时，电容的充电时间 T_1、放电时间 T_2，输出波形的振荡频率 f 及占空比各为多少？

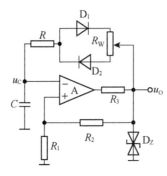

题图 7-20

【解】① 当滑动变阻器抽头位于中间时，此时充放电时间常数一致，利用一阶 RC 的充放电特性，并且在忽略二极管导通电阻的情况下，有

$$u_C(t)=u_C(\infty)+[u_C(0^+)-u_C(\infty)]e^{-t/\tau}$$

以充电为例：

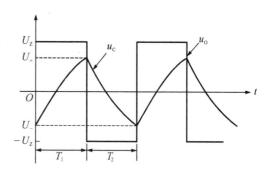

$$u_C(0^+)=U_-,u_C(\infty)=U_Z,\tau=\left(R+\frac{1}{2}R_W\right)C$$

$$U_+=\frac{R_1}{R_1+R_2}U_Z,U_-=-\frac{R_1}{R_1+R_2}U_Z$$

$$T_1=\left(R+\frac{1}{2}R_W\right)C\cdot\ln\left(1+2\frac{R_1}{R_2}\right)=0.57\text{ ms}$$

同理：
$$T_2=T_1=0.57\text{ ms}$$
$$T=T_1+T_2=1.14\text{ ms}$$
$$f=\frac{1}{T}=877\text{ Hz}$$

② 同理分析，调到最上端时

$$\tau_1=(R+R_W)C,\tau_2=RC$$

得：
$$T_1=(R+R_W)C\cdot\ln\left(1+2\frac{R_1}{R_2}\right)=1.05\text{ ms}$$

$$T_2=RC\cdot\ln\left(1+2\frac{R_1}{R_2}\right)=0.09\text{ ms}$$

$$T=T_1+T_2=1.14\text{ ms 不变。}$$

$$f=877\text{ Hz},占空比=\frac{T_1}{T}=\frac{1.05}{1.14}=92\%$$

调到最下端时

$$\tau_1=RC,\tau_2=(R+R_W)C$$

得：
$$T_1=RC\cdot\ln\left(1+2\frac{R_1}{R_2}\right)=0.09\text{ ms}$$

$$T_2=(R+R_W)C\cdot\ln\left(1+2\frac{R_1}{R_2}\right)=1.05\text{ ms}$$

$$T=T_1+T_2=1.14\text{ ms 不变}$$

$$f=877\text{ Hz},占空比=\frac{T_1}{T}=\frac{0.09}{1.14}=8\%$$

题 7-21 试证明题图 7-21 所示矩形波振荡电路的振荡频率为：

$$f=\frac{1}{T}=\frac{1}{(R_{F1}+R_{F2}) \cdot C \cdot \ln\left(1+\dfrac{2R_2}{R_1}\right)}$$

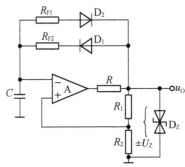

题图 7-21

【证】 电路输出 u_O 及电容电压 u_C 的波形如下图所示：

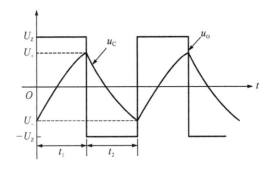

利用一阶 RC 充放电特性：

充电时：

$$u_C(0^+)=U_{T-},\ u_C(\infty)=U_Z$$
$$u_C(t_1)=U_{T+},\ \tau=R_{F2}C$$

得到

$$t_1=R_{F2}C\ln\left(1+\frac{2R_2}{R_1}\right)$$

放电时：

$$u_C(0^+)=U_{T+},\ u_C(\infty)=-U_Z$$
$$u_C(t_2)=U_{T-},\ \tau=R_{F1}C$$

得到

$$t_2=R_{F1}C\ln\left(1+\frac{2R_2}{R_1}\right)$$

$$T=t_1+t_2=(R_{F1}+R_{F2})C\ln\left(1+\frac{2R_2}{R_1}\right)$$

从而得到 $f=\dfrac{1}{T}=\dfrac{1}{t_1+t_2}=\dfrac{1}{(R_{F1}+R_{F2})C\ln\left(1+\dfrac{2R_2}{R_1}\right)}$ 证毕。

题 7-22 在题图 7-22 所示的三角波产生电路中,设稳压管的稳压值 $U_Z = \pm 8$ V,电阻 $R_1 = 5.1$ kΩ, $R_2 = 15$ kΩ, $R_3 = 2$ kΩ, $R_4 = 5.1$ kΩ, $C = 0.047$ μF。试画出电压 u_{O1}、u_O 的波形图,并在图上标出电压的幅值以及振荡的周期值。

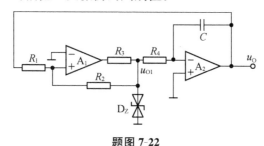

题图 7-22

【解】 令

$$u_{1+} = \frac{R_1}{R_1+R_2}u_{O1} + \frac{R_2}{R_1+R_2}u_O = 0$$

当 $u_{O1} = +U_Z$ 时,

$$u_O = U_{OL} = -\frac{R_1}{R_2}U_Z = -\frac{5.1}{15} \times 8 = -2.72(\text{V})$$

当 $u_{O1} = -U_Z$ 时,

$$u_O = U_{OH} = \frac{R_1}{R_2}U_Z = \frac{5.1}{15} \times 8 = 2.72(\text{V})$$

由于 $t_1 = t_2$,且 $T = t_1 + t_2$,以 t_1 阶段为例:

由积分电路可知:

$$u_O(t) = u_C(0^+) - \frac{1}{R_4C}\int_0^{t_1} u_{O1} dt$$

其中:

$$u_C(0^+) = U_{OH}, u_{O1} = +U_Z$$

$$u_O(t_1) = U_{OL}$$

得

$$U_{OL} = U_{OH} - \frac{1}{R_4C}U_Z t_1$$

$$t_1 = \frac{U_{OH} - U_{OL}}{U_Z}R_4C = \frac{\left(\frac{R_1}{R_2} + \frac{R_1}{R_2}\right)U_Z}{U_Z}R_4C = 2\frac{R_1}{R_2}R_4C$$

$$= 2 \times \frac{5.1}{15} \times 5.1 \times 10^3 \times 0.047 \times 10^{-6} = 0.16 \times 10^{-3}(\text{s}) = 0.16(\text{ms})$$

振荡周期 $T = t_1 + t_2 = 2t_1 = 0.32(\text{ms})$

u_{O1}、u_O 波形如下图所示。

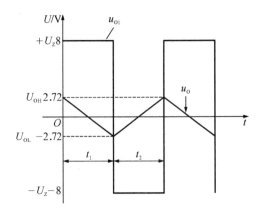

题 7-23 在题图 7-23 所示方波-三角波发生器电路中,已知:$U_Z=6$ V,$R_W=10$ kΩ,其余参数如图中所示。

① 求电路的最高振荡频率;

② 求方波和三角波的峰-峰值。

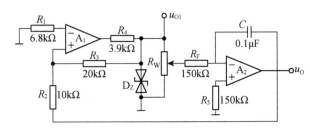

题图 7-23

【解】 ① 本题的工作原理和题 7-22 基本相同,不同点在于给积分电路提供的信号电压为 u_{O1} 经过电位器 R_W 分压而得。因为 $R_W \ll R_F$,使得 R_F 中电流远小于 R_W 中电流,可以将 R_W 分压看作电压源作用,设该电压为 U_W($U_W=0 \sim \pm U_Z$),可得:

当 $u_{O1}=+U_Z$ 时,电容 C 通过 R_F 充电,则

$$u_C(t)=u_C(0^+)-\frac{1}{R_F C}\int_0^{t_1} U_W \mathrm{d}t$$

其中:

$$u_C(0^+)=U_{OH}=\frac{R_2}{R_1}U_Z,\ u_C(t_1)=U_{OL}=-\frac{R_2}{R_1}U_Z$$

所以

$$U_{OL}=U_{OH}-\frac{1}{R_F C}U_W t_1$$

$$t_1=\frac{U_{OH}-U_{OL}}{U_W}R_F C$$

显然,当 U_W 为最大时,t_1 最小,频率最高。

$$U_{W\max}=U_Z,\ t_{1\min}=2\frac{R_2}{R_3}R_F C$$

$$f_{\max}=\frac{1}{T_{\mathrm{m}}}=\frac{1}{2t_{1\min}}=\frac{R_3}{4R_2R_{\mathrm{F}}C}=\frac{20\times10^3}{4\times10\times10^3\times150\times10^3\times0.1\times10^{-6}}=33.3(\mathrm{Hz})$$

② 方波输出： $u_{O1}=\pm U_Z=\pm 6\ \mathrm{V}, U_{O1PP}=6-(-6)=12(\mathrm{V})$

三角波输出：

$$\begin{cases} U_{\mathrm{OL}}=-\dfrac{R_2}{R_3}U_Z=-\dfrac{10}{20}\times 6=-3(\mathrm{V}) \\ U_{\mathrm{OH}}=\dfrac{R_2}{R_3}U_Z=\dfrac{10}{20}\times 6=3(\mathrm{V}) \end{cases}$$

故峰-峰值 $\qquad U_{\mathrm{OPP}}=U_{\mathrm{OH}}-U_{\mathrm{OL}}=3-(-3)=6(\mathrm{V})$

题 7-24 题图 7-24 所示为一波形发生器电路，试说明它由哪些单元电路组成，各起什么作用，并定性画出 u_{O1}、u_{O2}、u_{O3} 各点的输出波形。

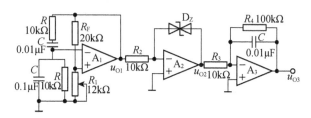

题图 7-24

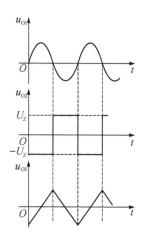

【解】 该电路由三个基本单元电路组合而成。

以运放 A_1 为核心，配合必要的外围电路，构成 RC 串并联正弦波振荡电路，使输出 u_{O1} 产生振荡频率 $f=\dfrac{1}{2\pi RC}$ 的正弦波输出。

运放 A_2 构成了一个过零比较器，通过该单元电路，使正弦波信号变换成一个矩形波输出。

运放 A_3 构成了一个线性积分运算电路，将输入的矩形波通过该电路变换成三角波输出。

u_{O1}、u_{O2}、u_{O3} 各点的波形示意图如右图所示（分别是正弦波、方波和三角波）。

题 7-25 题图 7-25 所示为一个由 555 定时器构成的锯齿波发生器，其中 D、R_1、R_2 及晶体管 T 构成恒流源给电容 C 提供恒定的充电电流，在 555 内放电管截止的情况下，电容电压随时间线性增长。试分析电路原理并画出 u_O、u_C 波形图。

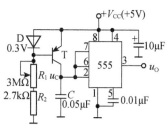

题图 7-25

【解】 在电源电压加上的瞬间，由于电容两端电压不能突变，所以 $u_C=0$。此时"7"脚对应的 T 截止，输出 $u_O=$

5 V。由 D、R_1、R_2 和 T 构成恒流源对电容 C 恒流充电,使 u_C 线性上升。在 u_C 上升到 $\frac{2}{3}V_{CC}$ 之前,其输出 $u_O=5$ V 一直保持不变。当 $u_C > \frac{2}{3}V_{CC}$ 时,555 中 7 脚对应的的三极管 T 导通,使电容 C 通过该三极管迅速放电。同时,其输出 u_O 翻转到 $u_O=0$ V,当 u_C 从 $\frac{2}{3}V_{CC}$ 快速放电到 $\frac{1}{3}V_{CC}$ 时,555 中的三极管 T 又处于截止状态,停止放电。同时,输出 u_O 由 0 V 翻转到 $u_O=5$ V,电容 C 又开始恒流充电,u_C 线性上升,重复上述过程。使 u_O 输出一个矩形波,而 u_C 输出一个锯齿波。

输入			输出	
$\bar{R}$④	TH⑥	$\overline{TR}$②	T⑦	u_O③
0	×	×	导通	0
1	$<\frac{2}{3}V_{CC}$	$<\frac{1}{3}V_{CC}$	截止	1
1	$>\frac{2}{3}V_{CC}$	$>\frac{1}{3}V_{CC}$	导通	0
1	$<\frac{2}{3}V_{CC}$	$>\frac{1}{3}V_{CC}$	不变	不变

波形输出如下图所示。

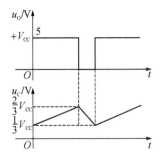

第 8 章 信号处理电路

8.1 内容归纳

1. 有源滤波器是一种能够滤除噪声、干扰等不需要的频率分量、保留所需频率信号分量的频率选择电路。按滤波功能可分为：低通、高通、带通、带阻四种主要类型；按通带外信号衰减速率可分为一阶、二阶及高阶滤波器，高阶滤波器是由一阶、二阶滤波器级联组成的。

2. 滤波器电路的性能特性取决于 Q、ω_0、A 三个主要参数，由它们决定了频率特性曲线的形状。按滤波器的滤波特性可分为巴特沃兹、契比雪夫、贝塞尔三种类型。巴特沃兹型具有通带内最大幅度平坦范围，滤波后的信号幅度失真最小；契比雪夫型通带外 ω_0 附近的衰减速率最大但通带内会出现纹波，适合于要求信号在通带外快速衰减的场合；贝塞尔型具有通带内最大的相位平坦范围，但通带外的信号衰减速率相对较小，适合于要求滤波后信号相位失真小的场合。

3. 本章介绍的 A/D 转换器类型主要有比较型、计数型两大类。比较型中逐次比较式、并行比较式是中、高速 A/D 转换器的主要电路形式，其中逐次比较式 A/D 转换器转换速度、转换精度及性价比适中，是应用最广泛的一种。并行比较式 A/D 转换器是高速型 A/D 转换器，适用于对转换速度要求很高的场合。积分式 A/D 转换器属于计数型 A/D 转换器。其中双积分式 A/D 转换器是最常用的一种，具有精度高、性价比高、但转换速率较低的特点，适用于对转换速率没有过高要求的场合。

4. 模拟乘法器的电路类型多种多样，其中变跨导式模拟乘法器是采用二重平衡差分放大器及电压-电流变换电路为主的通用集成乘法器电路，不但可实现完全的四象限乘法运算，还能够与运放结合实现多种其他运算功能，是一种多功能信号处理器件。

5. 集成锁相环电路内部包括鉴相器、环路滤波器和压控振荡器三个主要部分，其具有良好的相位跟踪锁定特性，可应用于调制与解调、频率综合、信号检测等多个方面。

8.2 典型例题

【例 1】 设计一个 $f_0=1\ 000$ Hz，$\alpha=1.274\ 7$ 的二阶高通滤波器。

【解】 根据"8.1.3 高通滤波器设计"方法2的内容,取 $C_1=C_2=C=0.01~\mu\text{F}$,则有
$R_1=\alpha/(2\omega_0 C)\approx 12.93~\text{k}\Omega$,取标称值 $R_1=13~\text{k}\Omega$
$R_2=2/(\alpha\omega_0 C)\approx 31.83~\text{k}\Omega$,取标称值 $R_2=32~\text{k}\Omega$。

最后的电路示于图 8-1。

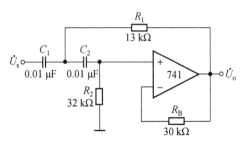

图 8-1 二阶高通有源滤波器电路

【例 2】 设计一个通带为 1 000 Hz,通带内纹波为 0.5 dB 的 5 阶契比雪夫高通滤波器。

【解】 $\omega_0=2\pi f_0=2\pi\times 1\,000=6\,283~\text{rad/s}$。

采用由一个一阶和两个二阶有源滤波器级联而成的电路,如图 8-2 所示。

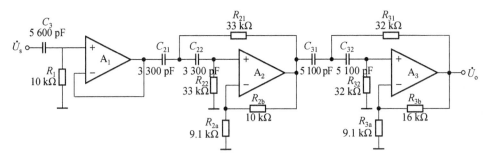

图 8-2 5 阶契比雪夫高通滤波器电路

图中运放采用单片四运放 LF347。查表 8-1 中 $n=5$ 的表格,并将表中 $\dfrac{\omega_{0i}}{\omega_0}$ 的值取倒数,求出高通滤波器的 ω_{0i}/ω_0 值如表 8-2 所示。

表 8-1 契比雪夫低通滤波器

阶数 n	级数 i	通带内纹波 0.5 dB		通带内纹波 1 dB		通带内纹波 2 dB	
		α_i	$\dfrac{\omega_{0i}}{\omega_0}$	α_i	$\dfrac{\omega_{0i}}{\omega_0}$	α_i	$\dfrac{\omega_{0i}}{\omega_0}$
2	1	1.157 8	1.231 3	1.045 5	1.050 0	0.886 0	0.907 2
3	1		0.626 5		0.494 2		
	2	0.586 1	1.668 9	0.495 6	0.997 1	0.391 9	0.941 3
4	1	1.418 2	0.597 0	1.274 6	0.568 2	1.075 9	0.470 7
	2	0.340 1	0.031 3	0.281 0	0.993 2	0.217 7	0.963 7

(续表)

阶数 n	级数 i	通带内纹波 0.5 dB		通带内纹波 1 dB		通带内纹波 2 dB	
		α_i	$\dfrac{\omega_{0i}}{\omega_0}$	α_i	$\dfrac{\omega_{0i}}{\omega_0}$	α_i	$\dfrac{\omega_{0i}}{\omega_0}$
5	1		0.362 3		0.289 5		0.218 3
	2	0.849 0	0.690 5	0.714 9	0.665 2	0.563 4	0.627 0
	3	0.220 0	1.017 7	0.180 0	0.994 1	0.138 3	0.975 8
6	1	1.442 7	0.396 2	1.314 3	0.353 1	1.109 1	0.316 1
	2	0.552 4	0.768 1	0.455 0	0.746 8	0.351 6	0.730 0
	3	0.153 5	1.011 4	0.124 9	0.995 4	0.095 6	0.982 8

表 8-2　5 阶契比雪夫高通滤波器(0.5 dB)

级数 i	α_i	$\dfrac{\omega_{0i}}{\omega_0}$
1		2.760 1
2	0.849 0	1.448 2
3	0.220 0	0.982 6

第一级参数：

$$\omega_{01}=\frac{1}{R_1C_1}=6\ 283\times2.760\ 1=17\ 342(\text{rad/s})$$

取 $C_1=5600$ pF，则 $R_1=\dfrac{1}{5\ 600\times10^{-12}\times17\ 342}=10.29(\text{k}\Omega)$，取 $R_1=10$ kΩ。

第二级参数：

采用"8.1.3　高通滤波器设计"方法 1，令 $R_{21}=R_{22}=R_2$，$C_{21}=C_{22}=C_2$，并取 $C_2=3\ 300$ pF。

则

$$R_2=\frac{1}{\omega_{02}\cdot C_2}$$

而 $\omega_{02}=6\ 283\times1.448\ 2=9\ 099$ rad/s，则 $R_2=\dfrac{1}{9\ 099\times3\ 300\times10^{-12}}=33.3(\text{k}\Omega)$，取 $R_2=33$ kΩ。

$$A_2=3-\alpha_2=3-0.849\ 0=2.151$$

而

$$A_2=1+\frac{R_{2b}}{R_{2a}}，故得 \frac{R_{2b}}{R_{2a}}=1.151$$

取 $R_{2a}=9.1$ kΩ，求得 $R_{2b}=10$ kΩ。

第三级参数：

按与第二级相同的方法求得 $R_{31}=R_{32}=R_3=32$ kΩ，$C_{31}=C_{32}=C_3=5\ 100$ pF，$R_{3a}=$

9.1 kΩ,R_{3b}=16 kΩ,读者可自行验证。

三级滤波器的参数都标在图 8-2 中。

【例 3】 由 CD4046 组成的锁相环电路如图 8-3 所示。求电路的中心频率 f_0 及同步带、捕捉带带宽。

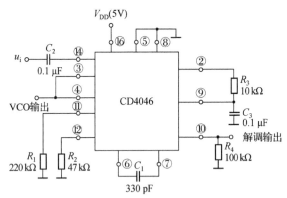

图 8-3 锁相环电路

【解】 据经验公式可求得:

$$f_{\min} \approx \frac{1}{2\pi R_2(C_1+C_0)} = \frac{1}{2\pi \times 47 \times 10^3 \times (330+30) \times 10^{-12}} \approx 9.4 \times 10^3 (\text{Hz})$$

$$f_{\max} \approx \frac{1}{2\pi R_1(C_1+C_0)} + f_{\min} = \frac{1}{2\pi \times 220 \times 10^3 \times (330+30) \times 10^{-12}} + 9.4 \times 10^3$$

$$\approx 2.0 \times 10^3 + 9.4 \times 10^3 = 11.4 \times 10^3 (\text{Hz})$$

由以上两式求得中心频率为:

$$f_0 = \frac{1}{2}(f_{\max}+f_{\min}) = \frac{1}{2}(11.4+9.4) \times 10^3 = 10.4 \times 10^3 (\text{Hz})$$

求得同步带带宽为:

$$f_L = \pm\frac{1}{2}(f_{\max}-f_{\min}) = \pm 1 \times 10^3 (\text{Hz})$$

由于电路采用 PDⅠ作为鉴相器,求得捕捉带带宽为:

$$f_c = \pm\sqrt{\frac{|f_L|}{2\pi R_3 C_3}} = \pm\sqrt{\frac{1 \times 10^3}{2\pi \times 10 \times 10^3 \times 0.1 \times 10^{-6}}} = \pm 399(\text{Hz})$$

8.3 习题详解

题 8-1 试根据下列要求,选择合适的滤波电路(低通、高通、带通、带阻)。

① 有用信号频率低于 500 Hz;

② 有用信号频率范围为 500 Hz 至 5 kHz;

③ 在有用信号中,抑制 50 Hz 的交流工频干扰;

④ 抑制频率低于 500 Hz 以下的信号。

【解】 ① 选用截止频率为 500 Hz 的低通滤波电路；

② 选用带宽为 500 Hz～5 kHz 的带通滤波电路；

③ 选用中心频率为 50 Hz 的带阻滤波电路；

④ 选用截止频率为 500 Hz 的高通滤波电路。

题 8-2 试写出题图 8-2 所示各电路的传递函数，并说明各是什么类型的滤波器。

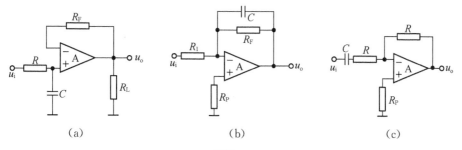

题图 8-2

【解】 图(a)，运放 A 构成电压跟随形式。

$$U_o(s) = U_-(s) = U_+(s) = \frac{1/sC}{R+1/sC}U_i(s)$$

$$A(s) = \frac{U_o(s)}{U_i(s)} = \frac{1}{1+sRC}$$

$$A(s) = \frac{\omega_0}{s+\omega_0}, \omega_0 = \frac{1}{RC}$$

该电路为有源一阶低通滤波器，通带增益为 1，截止频率为 ω_0。

图(b)，利用理想运放的线性特征，"虚断"，"虚短"。

$$\frac{U_i(s)}{R_1} = -\frac{U_o(s)}{R_F /\!/ \frac{1}{sC}}$$

$$A(s) = \frac{U_o(s)}{U_i(s)} = -\frac{R_F /\!/ \frac{1}{sC}}{R} = -\frac{R_F \frac{1}{sC}\big/\big(R_F+\frac{1}{sC}\big)}{R_1} = -\frac{R_F}{R_1}\frac{1}{1+sR_FC} = \frac{A_o}{1+sR_FC}$$

$$A_o = -\frac{R_F}{R_1}$$

化简得： $A(s) = A_o \dfrac{\omega_0}{s+\omega_0}, \omega_0 = \dfrac{1}{R_FC}$

该电路为有源一阶低通滤波器，通带增益为 A_o，截止频率为 ω_0。

图(c)，利用理想运放在线性区间的特征

$$\frac{U_i(s)}{R+1/sC} = -\frac{U_o(s)}{R}$$

$$A(s) = \frac{U_o(s)}{U_i(s)} = \frac{R}{R+1/sC} = -\frac{sRC}{1+sRC} = -\frac{s}{s+\omega_0}$$

该电路为一阶高通有源滤波器,通带增益为 1,截止频率为 $\omega_0 = \frac{1}{RC}$。

题 8-3 题图 8-3 所示电路为二阶无限增益多路反馈低通滤波器。
① 试求其电压传递函数;
② 求截止角频率 ω_0 的表达式。

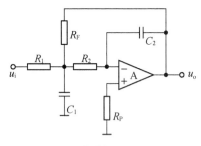

题图 8-3

【解】 设 R_1、R_2、R_F 公共端电压为 u_1,对 u_1 和 u_- 列节点方程得:

$$\begin{cases} \dfrac{u_1(s)-u_i(s)}{R_1} + \dfrac{u_1(s)}{\dfrac{1}{sC_1}} + \dfrac{u_1(s)-u_-(s)}{R_2} - \dfrac{u_o(s)-u_1(s)}{R_F} = 0 \\ \dfrac{u_-(s)-u_1(s)}{R_2} = \dfrac{u_o(s)-u_-(s)}{\dfrac{1}{sC_2}} \\ u_-(s) = u_+(s) = 0 \end{cases}$$

联立上面方程,可得该电路的传递函数为:

$$A(s) = -\frac{R_F}{s^2 R_1 R_2 R_F C_1 C_2 + s(R_1 R_2 + R_2 R_F + R_F R_1) + R_1}$$

$$= \frac{-\dfrac{R_F}{R_1} \cdot \dfrac{1}{R_2 R_P C_1 C_2}}{s^2 + s \cdot \dfrac{(R_1 R_2 + R_2 R_F + R_F R_1) C_2}{R_1 R_2 R_F C_1 C_2} + \dfrac{1}{R_2 R_F C_1 C_2}}$$

如果令表达式中的 $R_2 = R_F = R$,$C_1 = C_2 = C$,则:

$$A(s) = \frac{A_{uf} \omega_0^2}{s^2 + s \dfrac{\omega_0}{Q} + \omega_0^2}$$

其中, $A_{uf} = -\dfrac{R}{R_1}$, $\omega_0 = \dfrac{1}{RC}$, $Q = \dfrac{R_1}{R+2R_1}$

题 8-4 试写出题图 8-4 所示各电路的传递函数,并说明各是什么类型的滤波器。

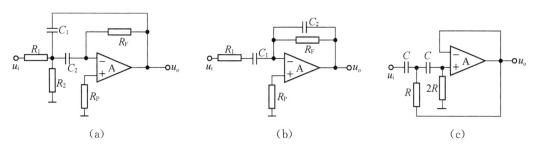

题图 8-4

【解】 图(a),设 R_1、R_2、C_1、C_2 公共端的电压为 U_1,则:

$$\begin{cases} \dfrac{U_i(s)-U_1(s)}{R_1}=\dfrac{U_1(s)}{R_2}+\dfrac{U_1(s)-U_o(s)}{\dfrac{1}{sC_1}}+\dfrac{U_1(s)}{\dfrac{1}{sC_2}} & \text{①} \\ \dfrac{U_1(s)}{\dfrac{1}{sC_2}}=-\dfrac{U_o(s)}{R_F} & \text{②} \end{cases}$$

由②式:
$$U_1(s)=-\dfrac{U_o(s)}{R_F sC_2} \quad\text{③}$$

将③式代入①式得:

$$\dfrac{U_i(s)}{R_1}+\dfrac{U_o(s)}{sR_1R_FC_2}=-\dfrac{U_o(s)}{sR_2R_FC_2}-\dfrac{sC_1U_o(s)}{sR_FC_2}-\dfrac{sC_1U_o(s)}{1}-\dfrac{sC_2U_o(s)}{sR_FC_2}$$

$$\left(\dfrac{1}{sR_1R_FC_2}+\dfrac{1}{sR_2R_FC_2}+\dfrac{C_1}{R_FC_2}+sC_1+\dfrac{1}{R_F}\right)U_o(s)=-\dfrac{U_i(s)}{R_1}$$

因此:

$$A(s)=\dfrac{U_o(s)}{U_i(s)}=-\dfrac{1}{\dfrac{1}{sR_FC_2}+\dfrac{R_1}{sR_2R_FC_2}+\dfrac{R_1C_1}{R_FC_2}+sR_1C_1+\dfrac{R_1}{R_F}}$$

$$=-\dfrac{sR_2R_FC_2}{R_2+R_1+sR_1R_2C_1+s^2R_1R_2R_FC_1C_2+sR_1R_2C_2}$$

$$=-\dfrac{s/R_1C_1}{s^2+\left(\dfrac{1}{R_FC_2}+\dfrac{1}{R_FC_1}\right)s+\left(\dfrac{1}{R_1R_FC_1C_2}+\dfrac{1}{R_2R_FC_1C_2}\right)}$$

设 $\omega_1=\dfrac{1}{R_1C_1}$,$\omega_1=\dfrac{1}{R_2C_2}$,则

$$A(s)=-\dfrac{\omega_1 s}{s^2+\dfrac{1}{R_F}(R_2\omega_2+R_1\omega_1)s+\left(\dfrac{R_2}{R_F}\omega_1\omega_2+\dfrac{R_1}{R_F}\omega_1\omega_2\right)}$$

将 $s=j\omega$ 代入,则: $A=-\dfrac{1}{\left(\dfrac{R_1}{R_F}+\dfrac{R_2}{R_F}\dfrac{\omega_2}{\omega_1}\right)+j\left(\dfrac{\omega}{\omega_1}-\dfrac{R_1+R_2}{R_F}\dfrac{\omega_2}{\omega}\right)}$

显然,$\omega\to 0$ 和 $\omega\to\infty$ 时,$|A|\to 0$,所以,图(a)为带通滤波器。

图(b),由运放特性可得,

$$\dfrac{U_i(s)}{R_1+\dfrac{1}{sC_1}}=-\dfrac{U_o(s)}{R_F//\dfrac{1}{sC_2}}$$

$$A(s)=\dfrac{U_o(s)}{U_i(s)}=-\dfrac{R_F//\dfrac{1}{sC_2}}{R_1+\dfrac{1}{sC_1}}=-\dfrac{\dfrac{R_F}{1+sR_FC_2}}{\dfrac{1+sR_1C_1}{sC_1}}=-\dfrac{sC_1R_F}{s^2(R_1C_1R_FC_2)+s(R_1C_1+R_FC_2)+1}$$

设 $\omega_1=\dfrac{1}{R_1C_1}$,$\omega_2=\dfrac{1}{R_FC_2}$,$A_o=-R_F/R_1$,则

$$A(s)=\dfrac{sA_o\dfrac{1}{\omega_1}}{1+\left(\dfrac{1}{\omega_1}+\dfrac{1}{\omega_2}\right)s+s^2\dfrac{1}{\omega_1\omega_2}}=\dfrac{A_o\omega_2 s}{s^2+(\omega_1+\omega_2)s+\omega_1\omega_2}$$

将 $s=j\omega$ 代入,

$$A=\dfrac{A_o\omega_2\cdot j\omega}{(j\omega)^2+(\omega_1+\omega_2)j\omega+\omega_1\omega_2}=\dfrac{A_o}{\dfrac{\omega_1+\omega_2}{\omega_2}+j\left(\dfrac{\omega}{\omega_2}-\dfrac{\omega_1}{\omega}\right)}$$

显然,$\omega\to 0$ 和 $\omega\to\infty$ 时,$|A|\to 0$,所以图(b)为带通滤波器。

图(c),设 R 和两个电容 C 的公共端电压为 U_1,则由电路结构以及运放特性可知

$$\begin{cases}\dfrac{U_i(s)-U_1(s)}{1/sC}=\dfrac{U_1(s)-U_o(s)}{R}+\dfrac{U_1(s)-U_o(s)}{1/sC}\\ \dfrac{U_1(s)-U_+(s)}{1/sC}=\dfrac{U_+(s)}{2R}\\ U_+(s)=U_o(s)\end{cases}$$

由上面三式联立

$$A(s)=\dfrac{U_o(s)}{U_i(s)}=\dfrac{sC}{sC+\dfrac{1}{R}+\dfrac{1}{2R^2sC}}=\dfrac{s^2}{s^2+\dfrac{1}{RC}s+\dfrac{1}{2R^2C^2}}$$

设 $\omega_0=\dfrac{1}{RC}$,$s=j\omega$,

$$A=\dfrac{(j\omega)^2}{(j\omega)^2+\omega_0(j\omega)+\omega_0^2/2}=\dfrac{1}{1-j\dfrac{\omega_0}{\omega}-\dfrac{1}{2}\left(\dfrac{\omega_0}{\omega}\right)^2}$$

所以图(c)为二阶高通有源滤波器。

题 8-5 题图 8-5 所示电路是一种仅对通过信号产生相移的一阶全通滤波器。

① 试证明电路的传递函数为

$$A(s)=\frac{U_o(s)}{U_i(s)}=-\frac{1-sRC}{1+sRC}$$

② 说明当 ω 由 $0\to\infty$ 时,相角 φ 的变化范围。

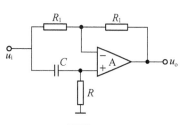

题图 8-5

【解】 ① 证明:

$$\begin{cases} U_i(s)-U_-(s)=U_-(s)-U_o(s) \\ U_-(s)=U_+(s)=\dfrac{R}{R+\dfrac{1}{sC}}U_i(s) \end{cases} \Rightarrow A(s)=\frac{U_o(s)}{U_i(s)}=-\frac{1-sRC}{1+sRC}$$

② 将 $s=\mathrm{j}\omega$ 代入,则

$$A(\mathrm{j}\omega)=-\frac{1-\mathrm{j}\omega RC}{1+\mathrm{j}\omega RC}$$

$$\varphi(\omega)=-\pi-2\arctan\omega RC$$

当 ω 由 $0\to\infty$ 时相角从 $-\pi$ 变到 -2π。

题 8-6 题图 8-6(a)和(b)所示电路是几阶滤波电路?属于哪种类型?

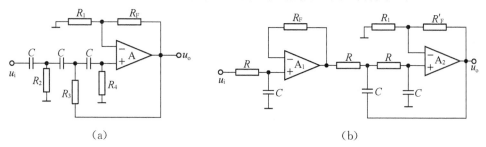

题图 8-6

【解】 图(a)为三阶高通滤波器;图(b)为三阶低通滤波器。

题 8-7 在图 8-1 所示的二阶高通有源滤波电路中,要求通带截止频率 $f_0=1\,000\,\mathrm{Hz}$,等效品质因数 $Q=0.707(Q=1/\alpha)$,试确定电路中电阻和电容元件的参数值。

【解】 其传递函数为:

$$A(s)=\frac{A_{uf}s^2}{s^2+\dfrac{\omega_0}{Q}s+\omega_0^2}$$

其中,

$$\omega_0=\frac{1}{RC},\quad Q=\frac{1}{3-A_{uf}},\quad A_{uf}=1+\frac{R_F}{R_1}$$

$$\omega_0=2\pi f_0=\frac{1}{RC}=6\,280$$

取 $R = 10 \text{ k}\Omega$

$$C = 0.015 \text{ }\mu\text{F}$$

$$Q = \frac{1}{3 - A_{uf}} = 0.707 \Rightarrow A_{uf} = 1.586$$

$$\frac{R_F}{R_1} = 0.586, \text{取 } R_1 = 20 \text{ k}\Omega$$

则
$$R_F = 11.7 \text{ k}\Omega$$

题 8-8 采用 741 型运放设计一个电话增音器中的宽带带通二阶滤波器,它的 $f_L = 300$ Hz, $f_H = 3\,000$ Hz,要求幅频特性在通带内是平坦的。

【解】 按设计要求,采用 741 型运放分别构成 $f_L = 300$ Hz 的二阶高通滤波器及 $f_H = 3$ kHz 的二阶低通滤波器,并将两者级联在一起组成 $f = 300$ Hz~3 kHz 的宽带二阶带通滤波器。如下图所示:

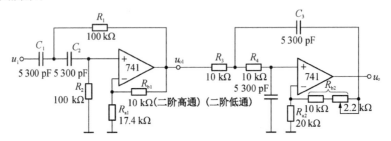

其中:二阶高通滤波器的参数设计只要能满足二阶高通滤波器的阻尼系数 α 及 ω 的要求即可,各元件参数选择具有较大的自由度。查表 8-3 巴特沃兹型滤波器参数,取 $n = 2$, $\alpha = 1.414\,2$, $\omega_0 = 2\pi f = 2\pi \times 300$ Hz $= 1\,884$ rad/s。取 $R_1 = R_2 = R = 100$ kΩ, $C_1 = C_2 = C$, 则 $C = \frac{1}{R \cdot \omega_0} = \frac{1}{100 \times 10^3 \times 1\,884} \approx 5\,300$ pF。由 $A = 3 - \alpha = 3 - 1.414\,2 = 1.585\,8$, 即 $1 + R_{b1}/R_{a1} = 1.585\,8$, 则 $R_{b1}/R_{a1} = 0.585\,8$。取 $R_{b1} = 10$ kΩ, 求得 $R_{a1} = 17$ kΩ, 取标称值 17.4 kΩ。最后将计算所得元件参数值填入上图中。

表 8-3 巴特沃兹低通滤波器

阶数 n	级数 i	α_i	$\dfrac{\omega_{0i}}{\omega_0}$
2	1	1.414 2	1.000 0
3	1		1.000 0
	2	1.000 0	1.000 0
4	1	1.847 8	1.000 0
	2	0.765 4	1.000 0
5	1		1.000 0
	2	0.618 0	1.000 0
	3	0.618 0	1.000 0

(续表)

阶数 n	级数 i	α_i	$\dfrac{\omega_{0i}}{\omega_0}$
6	1	1.931 9	1.000 0
	2	1.414 2	1.000 0
	3	0.517 6	1.000 0

同理,二阶低通滤波器的参数设计为:

$$\omega_0 = 2\pi f = 2\pi \times 3 \text{ kHz} = 18\ 840 \text{ rad/s}$$

查表 8-3, $n=2$ 时, $\alpha = 1.414\ 2$,取 $R_3 = R_4 = R = 10 \text{ k}\Omega$,则根据公式

$$\left. \begin{array}{c} \omega_0 = \dfrac{1}{RC} \\ \alpha = 3 - A \text{ 或 } A = 3 - \alpha \end{array} \right\}$$

$C_3 = C_4 = \dfrac{1}{R \cdot \omega_0} = \dfrac{1}{10 \times 10^3 \times 18\ 840} = 5\ 300 \text{ pF}, A = 3 - \alpha = 1.585\ 8$ 即要求,取 $R_{a2} = 20 \text{ k}\Omega$,则 $R_{b2} = 11.7 \text{ k}\Omega$,实际设计为 $R_{b2} = 10 \text{ k}\Omega$ 加可调电阻 2.2 kΩ,最终将所有设计参数标示在电路图中。

题 8-9 设计一个 $f_H = 500$ Hz 的四阶巴特沃兹型低通滤波器。

【解】 查表 8-3 巴特沃兹滤波器参数,取 $n=4$,由两级二阶巴特沃兹滤波器组成,其中第一级参数为 $\alpha_1 = 1.847\ 8, \omega_{01} = \omega_0$;第二级参数为 $\alpha_2 = 0.765\ 4, \omega_{02} = \omega_0$;$\omega_0 = 2\pi f_H = 2\pi \times 500$ Hz $= 3\ 140$ rad/s;给出 4 阶巴特沃兹滤波器电路如下:

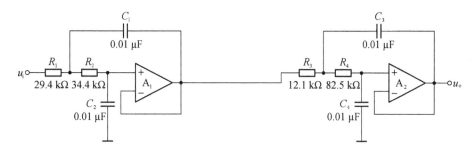

其中第一级二阶低通滤波器参数设计如下:

取 $C_1 = C_2 = C = 0.01$ μF,则 $R_1 = \dfrac{\alpha_1}{2\omega_0 C}, R_2 = \dfrac{2}{\alpha_1 \omega_0 C}$,分别求得 $R_1 = \dfrac{1.847\ 8}{2 \times 3\ 140 \times 0.01 \times 10^{-6}} = 29.4 \text{ k}\Omega, R_2 = \dfrac{2}{1.847\ 8 \times 3\ 140 \times 0.01 \times 10^{-6}} = 34.47 \text{ k}\Omega$,取标称值 $R_2 = 34.4 \text{ k}\Omega$

第二级二阶低通滤波器参数设计如下:

取 $C_3 = C_4 = C = 0.01$ μF,则 $R_3 = \dfrac{\alpha_2}{2\omega_0 C} = \dfrac{0.765\ 4}{2 \times 3\ 140 \times 0.01 \times 10^{-6}} = 12.19 \text{ k}\Omega$,取标称

值 12.1 kΩ，$R_4 = \dfrac{2}{\alpha_2 \omega_0 C} = \dfrac{2}{0.765\ 4 \times 3\ 140 \times 0.01 \times 10^{-6}} = 83.22$ kΩ，取标称值 82.5 kΩ，最终将所有设计参数值标示在 4 阶低通巴特沃兹滤波器电路中。

题 8-10 设计一个 $f_0 = 50$ Hz，$Q = 10$ 的双 T 陷波器。

【解】 给出二阶双 T 带阻有源滤波器电路如下：

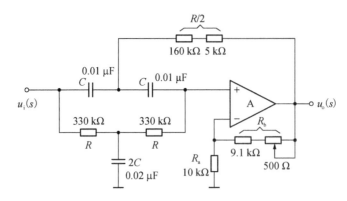

据 $\omega = 2\pi f_0 = \dfrac{1}{RC}$，取 $C = 0.01\ \mu F$，则 $R = \dfrac{1}{2\pi f_0 C} = \dfrac{1}{2\pi \times 50 \times 0.01 \times 10^{-6}} = 318.5$ kΩ，取标称值 330 kΩ。$Q = \dfrac{1}{4 - 2A}$（注 $A < 2$），则 $A = (1 + R_b/R_a) = 2 - \dfrac{1}{2Q}$。将 $Q = 10$ 代入，得：$1 + R_b/R_a = 1.95$，即 $R_b/R_a = 0.95$。取 $R_a = 10$ kΩ，则 $R_b = 9.5$ kΩ，采用 9.1 kΩ 与 500 Ω 可变电阻串联组成 R_b，并将所有设计参数值标在电路图上。

题 8-11 试求 8 位、12 位、16 位 A/D 转换器的分辨率及量化误差各为多少。

【解】 分辨率是指 A/D 转换器所能分辨的输入电压最小值，一般由 A/D 转换器的位数 n 决定，1LSB 对应的分辨率为 $1/2^n$。量化误差指经 A/D 转换量化后的输出电压换算值与输入电压实际值之差，量化误差的大小也与 A/D 转换位数 n 相关，一般用 $\pm \dfrac{1}{2}$ LSB（即 $\pm \dfrac{1}{2^n}$）表示。8 位、12 位、16 位字长的 A/D 转换器的分辨率分别为 $1/2^8 = 1/258$、$1/2^{12} = 1/4\ 096$、$1/2^{16} = 1/65\ 536$，量化误差分别为：$\pm \dfrac{1}{2} \times \dfrac{1}{256}$、$\pm \dfrac{1}{2} \times \dfrac{1}{4\ 096}$ 及 $\pm \dfrac{1}{2} \times \dfrac{1}{65\ 536}$。

题 8-12 试说明 A/D 转换器的绝对精度、相对精度、动态精度与分辨率之间的关系。

【解】 绝对精度是相对于输入电压而言的，是指经 A/D 转换后得到的数字量所代表的电压值与实际输入电压值之差值，并以差值与满量程(FS)值的比值形式表示。

相对精度是相对于理想转换特性（理想直线）而言的，是指由于实际转换特性曲线的非线性影响造成的两者间误差的最大值，以 LSB 或 $\pm \dfrac{1}{2}$ LSB 表示。

动态精度是相对于 A/D 转换时的采样频率而言的，是指输入信号的采样频率对转换精度的影响。

三者都与分辨率相关,绝对精度与 LSB 对应的分辨率 $1/2^n$ 相关;相对误差以 LSB 或 $\pm\frac{1}{2}$LSB 表示,所以也与分辨率 $1/2^n$ 直接相关;动态精度的理想值(最高精度值)由满量程(FS)信号幅度与量化误差噪声的信噪比 S/N 定义(即 $S/N=6.02n+1.76$ dB),与 n 决定的分辨率间接相关。

题 8-13 一个由 12 位 A/D 转换器及增益为 1 000 倍的前置电压放大器组成的电路系统,试问:

① 对前置放大器电压增益精度的最低要求应为多少?

② 若 A/D 转换器允许的输入电压范围为 0~5 V,在保证系统能够满足 12 位 A/D 转换所需处理精度前提下,前置放大器允许的输入信号电压最小值及最大值分别为多少?

【解】 ① 12 位 A/D 转换器对前置放大器电压增益精度的最低要求为 $\frac{1}{2}$LSB = $\frac{1}{2}\times\frac{1}{2^{12}}=\frac{1}{8\ 172}$;

② A/D 转换器允许的输入电压范围为 0~5 V 时,前置电压放大器所能辨别的输入信号最小值为 $u_{\text{imin}}=5$ V/8 172=0.61 mV,允许的输入信号最大值为 $u_{\text{imax}}=5$ V/1 000=5 mV。

题 8-14 已知双积分型 A/D 转换器中计数器 J_1、J_2 的时钟频率为 $f_c=100$ kHz,计数器 J_1 的最大容量为 $N_1=(300)_{10}$,基准电压为 $U_{\text{REF}}=-6$ V,试问当实际输出值 $N_2=(369)_{10}$ 时输入电压 u_{IN} 为多大?

【解】 已知计数器 J_1、J_2 频率为 $f_c=100$ kHz,求得每个计数周期为 $T=\frac{1}{f_c}=\frac{1}{100\times10^3}=10\ \mu$s;当计数器 J_1 计数溢出时,对应的时长为 $T_1=300\times10\ \mu$s=3 ms。由 A/D 转换的实际输出值(即计数器 J_2 的计数值)$N_2=(369)_{10}$,求得对应的 $T_2=369\times10\ \mu$s=3.69 ms。

据 $u_{\text{IN}}=(T_2/T_1)\cdot U_{\text{REF}}$,可求得 $u_{\text{IN}}=(3.69/3)\times(-6\text{ V})=-7.38$ V。

题 8-15 试阐述并行比较式 A/D 转换器、逐次比较式 A/D 转换器、双积分式 A/D 转换器各自的主要特点。

【答】 并行比较式 A/D 转换器的主要特点是转换速度高(100 ns 以下),但器件成本及功耗也相对较高。

逐次比较式 A/D 转换器的主要特点是转换精度高、转换速度适中(数百纳米至数百微米)、适应面广泛、产品性价比较高。

双积分式 A/D 转换器的主要特点是可实现高精度 A/D 转换,干扰及噪声抑制能力强,但转换速度低(1 ms 以上)。

题 8-16 试推导题图 8-16 电路 u_o 与 u_{i1}、u_{i2} 的关系。

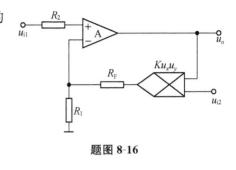

题图 8-16

【解】 据电路结构可写出：

$$u_{i1} = Ku_{i2} \cdot u_o \cdot \frac{R_1}{R_1 + R_F}$$

则

$$u_o = \frac{1}{K}\left(1 + \frac{R_F}{R_1}\right)\frac{u_{i1}}{u_{i2}}$$

可见，电路具有除法运算功能。

题 8-17 电路如题图 8-17 所示，试求输出电压 u_o 的表达式。

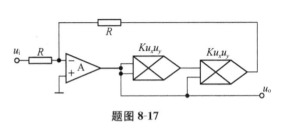

题图 8-17

【解】 由图可知，运放 A 构成反向比例应用电路，两个乘法器构成三次方电路。

设第二个乘法器的输出端电位为 u_1，则由乘法器性质可知

$$K(Ku_o^2)u_o = u_1$$

又由运放特性

$$\frac{u_i}{R} = -\frac{u_1}{R}，即 u_1 = -u_i$$

所以

$$K^2 u_o^3 = -u_i，u_o = -\sqrt[3]{\frac{u_i}{K^2}}$$

构成开立方运算电路。

题 8-18 试用模拟乘法器组成实现 $u_o = K\sqrt{u_x^2 + u_y^2}$ 的运算电路。

【解】 在 $u_o = K\sqrt{u_x^2 + u_y^2}$ 表达式中，可令 $u = K_1(u_x^2 + u_y^2)$，即平方相加，再令 $u_o = K_2\sqrt{u}$，开方运算电路如下图所示，合理选择参数，就可实现上述运算。

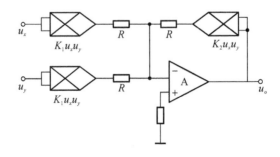

题 8-19 求题图 8-19 所示输出表达式，并根据推导结果分析该电路实现的功能。图中 x 输入均是电压信号，y 输入均是电流采样信号。

$$x_1=U\cos\omega t, x_2=U\cos(\omega t-120°), x_3=U\cos(\omega t+120°)$$
$$y_1=I\cos(\omega t-\varphi), y_2=I\cos(\omega t-120°-\varphi), y_3=I\cos(\omega t+120°-\varphi)$$

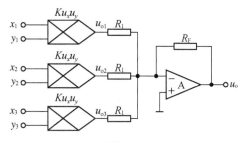

题图 8-19

【解】 设乘法器 1 输出端为 u_{o1},乘法器 2 输出端为 u_{o2},乘法器 3 输出端为 u_{o3},则

$$u_{o1}=Kx_1y_1=KU\cos\omega t \cdot I\cos(\omega t-\varphi)=\frac{1}{2}KUI[\cos\varphi+\cos(2\omega t-\varphi)]$$

$$u_{o2}=Kx_2y_2=KU\cos(\omega t-120°) \cdot I\cos(\omega t-120°-\varphi)$$
$$=\frac{1}{2}KUI[\cos\varphi+\cos(2\omega t-\varphi-240°)]$$

$$u_{o3}=Kx_3y_3=KU\cos(\omega t+120°) \cdot I\cos(\omega t+120°-\varphi)$$
$$=\frac{1}{2}KUI[\cos\varphi+\cos(2\omega t-\varphi+240°)]$$

又:

$$\frac{u_{o1}-u_-}{R_1}+\frac{u_{o2}-u_-}{R_1}+\frac{u_{o3}-u_-}{R_1}=\frac{u_--u_o}{R_F}$$

$$u_-=u_+=0$$

故

$$u_o=-(u_{o1}+u_{o2}+u_{o3}) \cdot \frac{R_F}{R_1}$$

将 u_{o1}、u_{o2}、u_{o3} 代入化简得

$$u_o=-\frac{3}{2}KUI\cos\varphi \cdot \frac{R_F}{R_1}=-\frac{3}{2} \cdot \frac{R_F}{R_1}KUI\cos\varphi$$

由此结果可知,当合理选择 K 及 R_1、R_F 时,该电路的输出电压值反映了对称三相电路的功率值。

第 9 章 集成功率电路

9.1 内容归纳

1. 功率电路是一种大信号电路,电路中器件通常处于极限运行的状态。对功率放大电路的主要要求是能向负载提供足够大的输出功率,同时应有较小的失真和较高的能量转换效率。

2. 大信号电路的分析方法主要是图解法,电路的输出功率和效率是它们的重要指标。为了取得较高的效率,低频功率放大器多工作于乙类或甲乙类状态。

3. 常用的功率放大电路有 OTL 和 OCL 两种形式。OTL 电路省去了输出变压器,但输出端需接一个大电容,电路工作时只需一路直流电源供电。OCL 电路省去了输出端的大电容,并有利于实现集成化,但需采用正、负两路直流电源供电。

4. 在 OTL 和 OCL 两种电路中为了增大不失真输出电压的摆幅,可在输出级和输出前级中采用"自举"的电路技术。"自举"不仅增大了输出信号的摆幅,而且还提高了输出前级的电压增益。

5. 集成功放具有许多突出的优点,尤其是以 VMOS 管为代表的大功率器件的应用,使集成功率放大器的性能有了很大提升,目前已经在工程中得到广泛应用。

6. 电子设备中的直流电源,通常是由交流电经整流、滤波和稳压以后得到的。对于直流电源的主要要求是:输出电压幅值稳定、平滑,转换效率高。

7. 由二极管构成的桥式全波整流电路的优点为输出直流电压较高、输出波形的脉动成分相对较低、整流管承受的反向峰值电压不高,且电源变压器的利用率较高,因而应用较广。

8. 滤波电路主要由电容、电感等储能元件组成。电容滤波适用于小负载电流,而电感滤波适用于大负载电流。

9. 串联型直流稳压电路主要包括调整管、采样电路、基准电压与误差放大电路等部分,稳压原理是基于电压负反馈来实现输出电压的自动调节。串联型直流稳压电源实际上是一个以基准电压为输入信号的电压串联负反馈电路。

10. 常用的串联集成稳压电路多采用 78XX,79XX 及 W317、W337 等三端集成稳压器件,这些器件的内部都有过压、过流和过热保护功能。集成稳压器具有体积小、可靠性高、温度特性好、使用方便等优点,因而得到了广泛应用。

11. 开关直流稳压电路有多种分类方式。其中可按照开关管的驱动激励方式分为自激型和它激型两大类,每一类又有多种电路实现形式。虽然为了改善开关动态特性会引入局部电压正反馈,但整个开关电源的电路系统仍然是电压负反馈系统,相较于串联型直流稳压电路而言只是改变了对调整管的控制方式以降低管耗。

12. 开关型直流稳压电路中,由于调整管工作在开关状态,使得管耗大大降低,因而显著提高了电源的转换效率。其中无工频变压器开关稳压电源具有重量轻、体积小、效率高的独特优点,它代表着直流稳压电源的发展方向。

13. 开关型集成稳压器外接元件少、使用方便。开关型稳压电源的主要缺点是输出电压中纹波和噪声成分相对较大。但其突出优点是对电网电压无过高要求,适用的电网电压范围宽,尤其是能适用于负载电流要求较大的场合。

9.2 典型例题

【例1】 从功率放大角度分析可知,图 9-1(a)所示射极跟随器电路处于甲类工作状态,设 $V_{CC}=6$ V,$R_L=8$ Ω,三极管的 $\beta=40$,I_{CEO},$U_{CE(sat)}$ 忽略不计。试求在充分激励条件下,该电路的最大不失真输出功率和效率。

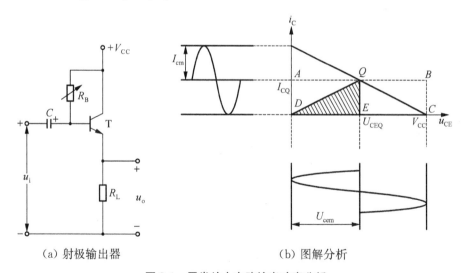

(a) 射极输出器　　　　　(b) 图解分析

图 9-1 甲类放大电路输出功率分析

【解】 当静态工作点 Q 处于交流负载线中点时,该电路在充分激励下,可输出最大的不失真电压和电流如图 9-1(b)所示。下面分为静态和动态两个阶段来解析。

(1) 静态分析

① 静态工作点

$$U_{CEQ}=V_{CC}/2=6/2=3(V)$$
$$I_{CQ}=(V_{CC}-U_{CEQ})/R_L=3/8=0.375(A)$$

② 电源供给功率
$$P_{VQ}=V_{CC} \cdot I_{CQ}=6\times 0.375=2.25(W)$$

③ 三极管消耗功率
$$P_{TQ}=U_{CEQ} \cdot I_{CQ}=3\times 0.375=1.125(W)$$

④ 负载 R_L 上消耗的直流功率
$$P_{RQ}=I_{CQ}^2 \cdot R_L=0.375^2\times 8=1.125(W)$$

可以看出，P_{VQ}、P_{TQ}、P_{RQ} 分别为图 9-1(b)中矩形 ABCD、AQED、QBCE 的面积。

(2) 动态分析

在充分激励条件下，$U_{cem}\approx V_{CC}/2$，$I_{cm}=U_{cem}/R_L\approx V_{CC}/2R_L$，由此可得：

① 交流输出功率
$$P_o=\frac{U_{cem}}{\sqrt{2}}\times\frac{I_{cm}}{\sqrt{2}}=\frac{1}{2}U_{cem}\times I_{cm}=\frac{1}{2}\times\frac{V_{CC}}{2}\times\frac{V_{CC}}{2R_L}=\frac{V_{CC}^2}{8R_L}=\frac{6^2}{8\times 8}=0.5625(W)$$

即为△QED 的面积。

② 管子消耗功率
$$P_T=\frac{1}{2\pi}\int_0^{2\pi}u_{CE}i_C d(\omega t)=\frac{1}{2\pi}\int_0^{2\pi}(U_{CEQ}-U_{cem}\sin\omega t)(I_{CQ}+I_{cm}\sin\omega t)d(\omega t)$$
$$=U_{CEQ}I_{CQ}-\frac{1}{2}U_{cem}I_{cm}=P_{TQ}-P_o=1.125-0.5625=0.5625(W)$$

即为 △AQD 的面积。

③ 电源供给功率
$$P_V=\frac{1}{2\pi}\int_0^{2\pi}V_{CC}i_C d(\omega t)=\frac{1}{2\pi}\int_0^{2\pi}V_{CC}(I_{CQ}+I_{cm}\sin\omega t)d(\omega t)$$
$$=V_{CC}I_{CQ}=P_{VQ}=2.25 W$$

即为矩形 ABCD 的面积。

④ 效率
$$\eta=\frac{P_o}{P_V}=\frac{0.5625}{2.25}=25\%$$

【例 2】 电路如图 9-2 所示。要求输出可调节的直流电压 $U_O=(10\sim 15)V$，负载电流 $I_O=(0\sim 100)mA$。已选定基准电压的稳压管为 2CW1，其稳定电压 $U_Z=7\ V$，最小电流 $I_{Zmin}=5\ mA$，最大电流 $I_{Zmax}=33\ mA$。初步确定调整管选用 3DD2C，其主要参数为：$I_{CM}=0.5\ A$，$U_{(BR)CEO}=45\ V$，$P_{CM}=3\ W$。

(1) 假设采样电路总的阻值选定为 2 kΩ 左右，则 R_1、R_2 和 R_3 三个电阻分别为多大？

(2) 估算电源变压器副边电压的有效值 U_2；

(3) 估算基准稳压管的限流电阻 R 的阻值;

(4) 验算稳压电路中的调整管是否安全。

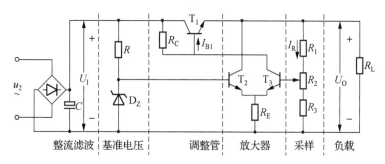

图 9-2 串联稳压电路举例

【解】(1) 忽略 I_{B3} 影响时有

$$U_{\text{Omax}} \approx \frac{R_1+R_2+R_3}{R_3}U_Z$$

$$R_3 \approx \frac{R_1+R_2+R_3}{U_{\text{Omax}}}U_Z = \left(\frac{2}{15}\times 7\right)\text{k}\Omega = 0.93 \text{ k}\Omega$$

取 $R_3 = 910 \text{ }\Omega$。根据

$$U_{\text{Omin}} \approx \frac{R_1+R_2+R_3}{R_2+R_3}U_Z$$

故

$$R_2+R_3 \approx \frac{R_1+R_2+R_3}{U_{\text{Omin}}} \cdot U_Z = \left(\frac{2}{10}\times 7\right)\text{k}\Omega = 1.4 \text{ k}\Omega$$

则

$$R_2 = (1.4-0.91) \text{ k}\Omega = 0.49 \text{ k}\Omega$$

取 $R_2 = 510 \text{ }\Omega$(电位器)。则

$$R_1 = (2-0.91-0.51)\text{k}\Omega = 0.58 \text{ k}\Omega$$

取 $R_1 = 560 \text{ }\Omega$。

在确定了采样电阻 R_1、R_2 和 R_3 的阻值以后,再来验算输出电压的变化范围是否符合要求,此时

$$U_{\text{Omax}} \approx \left(\frac{0.56+0.51+0.91}{0.91}\times 7\right)\text{V} \approx 15.23 \text{ V}$$

$$U_{\text{Omin}} \approx \left(\frac{0.56+0.51+0.91}{0.51+0.91}\times 7\right)\text{V} \approx 9.76 \text{ V}$$

输出电压的实际变化范围为 $U_O = (9.76 \sim 15.23)\text{V}$,符合给定的要求。

(2) 稳压电路的直流输入电压为

$$U_I = U_{\text{Omax}} + (3\sim 8)\text{V} = 15 \text{ V} + (3\sim 8) \text{ V} = (18\sim 23) \text{ V}$$

取 $U_I = 23 \text{ V}$,则变压器副边电压的有效值为

$$U_2 = 1.1 \times \frac{U_I}{1.2} = \left(1.1\times \frac{23}{1.2}\right)\text{V} \approx 21 \text{ V}$$

(3) 基准电压支路中电阻 R 的作用是保证稳压管 D_Z 工作在稳压区,为此通常取稳压管中的电流略大于其最小参考电流值 I_{Zmin}。在图 9-2 中,可认为

$$I_Z = \frac{U_I - U_Z}{R}$$

故基准稳压管 D_Z 的限流电阻应为(应考虑电源电压波动±10%)

$$R \leqslant \frac{U_{Imin} - U_Z}{I_{Zmin}} = \left(\frac{0.9 \times 23 - 7}{5}\right) k\Omega = 2.74 \ k\Omega$$

另外,稳压管正常工作时的电流值不能超过 I_{Zmax},即有

$$R > \frac{U_{Imax} - U_Z}{I_{Zmax}} = \left(\frac{1.1 \times 23 - 7}{33}\right) k\Omega \approx 0.55 \ k\Omega$$

选取 $R = 2 \ k\Omega$。

(4) 根据稳压电路的各项参数,可知调整管的主要技术指标应为

$$I_{CM} \geqslant I_{Omax} + I_R = \left(100 + \frac{15.23}{0.56 + 0.51 + 0.91}\right) mA \approx 108 \ mA$$

$$U_{(BR)CEO} \geqslant 1.1 \times \sqrt{2} U_2 = (1.1 \times \sqrt{2} \times 21) V \approx 32.6 \ V$$

$$P_{CM} \geqslant (1.1 \times 1.2 U_2 - U_{Omin}) \times I_{Cmax} = [(1.32 \times 21 - 9.76) \times 0.108] W \approx 1.94 \ W$$

已知低频大功率三极管 3DD2C 的 $I_{CM} = 0.5 \ A$、$U_{(BR)CEO} = 45 \ V$、$P_{CM} = 3 \ W$,可见调整管的参数符合安全要求,而且留有一定余地。

9.3 习题详解

题 9-1 在题图 9-1 所示的电路中,晶体管 T 的 $\beta = 50$,$U_{BE} = 0.7 \ V$,$U_{CE(sat)} = 0.5 \ V$,$I_{CEO} = 0$,电容 C_1 对交流可视作短路。

① 计算电路可能达到的最大不失真输出功率 P_{Omax}。

② 此时 R_B 应调节到什么值?

③ 此时电路的效率 η 是多少?

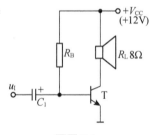

题图 9-1

【解】 ① 该电路为共射极放大电路。

因 U_{Cmax} 为 V_{CC},U_{Cmin} 即为 $U_{CE(sat)}$,为了达到最大不失真输出,故静态输出时,

$$U_{CQ} = \frac{U_{Cmax} - U_{Cmin}}{2} = \frac{12 - 0.5}{2} = 5.75(V)$$

最大输出幅度为

$$U_{opp} = U_{Cmax} - U_{Cmin} = 12 - 0.5 = 11.5(V)$$

最大输出功率为

$$P_{\text{omax}} = \frac{U_{\text{om}}^2}{2R_{\text{L}}} = \frac{U_{\text{opp}}^2}{4 \times 2R_{\text{L}}} = 2.07(\text{W})$$

② 为达到最大不失真输出，U_{CQ} 必须为 5.75 V，故

$$I_{\text{CQ}} = (V_{\text{CC}} - U_{\text{CQ}})/R_{\text{L}}, \quad I_{\text{BQ}} = I_{\text{CQ}}/\beta$$

从而得到

$$R_{\text{B}} = \frac{V_{\text{CC}} - U_{\text{BE}}}{I_{\text{BQ}}} = \frac{V_{\text{CC}} - U_{\text{BE}}}{V_{\text{CC}} - U_{\text{CQ}}} \cdot \beta R_{\text{L}} = \frac{12 - 0.7}{12 - 5.75} \times 50 \times 8 \approx 723(\Omega)$$

③ $$P_{\text{V}} = V_{\text{CC}} \cdot I_{\text{CQ}} = V_{\text{CC}} \cdot \frac{V_{\text{CC}} - U_{\text{CQ}}}{R_{\text{L}}} = 12 \times \frac{12 - 5.75}{8} = 9.375(\text{W})$$

$$\eta = P_{\text{omax}}/P_{\text{V}} = 2.07/9.375 = 22.08\%$$

题 9-2 在题图 9-2 互补推挽功放电路中，已知 $V_{\text{CC}} = 20$ V，$R_{\text{L}} = 8\ \Omega$，u_{i} 为正弦电压。求：

① 输入信号 $U_{\text{i}} = 10$ V（有效值）时，电路的输出功率、管耗、直流电源供给的功率和效率。

② 在 $U_{\text{CE(sat)}} \approx 0$ 和 u_{i} 的幅度足够大的情况下，负载可能得到的最大输出功率和效率。

③ 每个管子的 P_{CM} 至少应为多少？

④ 每个管子的耐压 $|U_{\text{(BR)CEO}}|$ 至少应为多少？

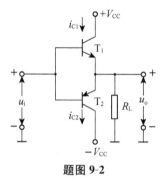

题图 9-2

【解】 ① 当 $U_{\text{i}} = 10$ V 时，$U_{\text{o}} = 10$ V

$$I_{\text{o}} = U_{\text{o}}/R_{\text{L}} = 10/8 = 1.25(\text{A})$$

$$P_{\text{o}} = U_{\text{o}} I_{\text{o}} = 10 \times 1.25 = 12.5(\text{W})$$

$$P_{\text{V}} = 2 \times \frac{1}{2\pi} \int_0^\pi V_{\text{CC}} i_{\text{C1}} \, d\omega t = \frac{V_{\text{CC}}}{\pi} \int_0^\pi \sqrt{2} I_{\text{o}} \sin\omega t \, d\omega t = \frac{2\sqrt{2} V_{\text{CC}} I_{\text{o}}}{\pi}$$

$$= \frac{2\sqrt{2} V_{\text{CC}} U_{\text{o}}}{\pi R_{\text{L}}} = \frac{2\sqrt{2} \times 20 \times 10}{8 \times \pi} = 22.5(\text{W})$$

$$P_{\text{T}} = P_{\text{V}} - P_{\text{o}} = 22.5 - 12.5 = 10(\text{W})$$

$$P_{\text{T1}} = P_{\text{T2}} = P_{\text{T}}/2 = 5(\text{W})$$

$$\eta = P_{\text{o}}/P_{\text{V}} = 12.5/22.5 = 55.6\%$$

② $U_{CES} \approx 0$, u_1 足够大时

$$P_{omax} = \frac{V_{CC}^2}{2R_L} = \frac{20^2}{2\times 8} = 25(W)$$

$$\eta_{max} = \frac{\pi}{4} = 78.5\%$$

③ $$P_{T1max} = 0.2P_{omax} = 5(W)$$

$$P_{CM} \geqslant P_{T1max} = 5(W)$$

④ $$|U_{(BR)CEO}| \geqslant 2V_{CC} = 2\times 20 = 40(V)$$

题 9-3 乙类功率放大器的电路如题图 9-3(a)、(b)所示。分别计算这两个电路在理想情况下：①最大不失真输出功率；②电源供给的最大功率；③最大效率；④对输出管 T_1、T_2 三个极限参数有何要求（I_{CM}，$U_{(BR)CEO}$，P_{CM}）？

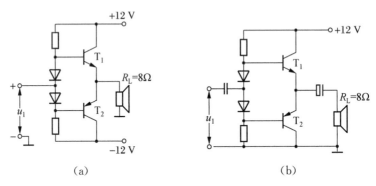

题图 9-3

【解】 对图(a)电路：

① $$P_{omax} = \frac{1}{2}U_{cem} \cdot I_{cm} = \frac{V_{CC}^2}{2R_L} = \frac{12^2}{2\times 8} = 9(W)$$

② $$P_{Vmax} = \frac{2V_{CC}^2}{\pi R_L} = \frac{2\times 12^2}{\pi \times 8} = 11.47 \text{ W}$$

③ $$\eta_{max} = P_{omax}/P_{Vmax} = \pi/4 = 78.5\%$$

④ $$I_{CM} > V_{CC}/R_L = 12/8 = 1.5(A), \quad |U_{(BR)CEO}| > 2V_{CC} = 24(V)$$

$$P_{CM} > 0.2P_{omax} = 1.8(W)$$

对图(b)电路：

① $$P_{omax} = \frac{1}{2}U_{cm} \cdot I_{cm} = \frac{1}{2} \times \frac{U_{cem}^2}{R_L} = \frac{1}{2} \times \frac{6^2}{8} = 2.25(W)$$

② $$P_{Vmax} = \frac{2U_{cem}^2}{\pi \cdot R_L} = \frac{2\times 6^2}{\pi \times 8} = 2.866(W)$$

③ $$\eta_{max} = P_{omax}/P_{Vmax} = 2.25/2.866 = 78.5\%$$

④ $$I_{CM} > U_{cem}/R_L = 6/8 = 0.75(A), \quad |U_{(BR)CEO}| > V_{CC} = 12(V)$$

$$P_{CM} > 0.2P_{omax} = 0.45(W)$$

题 9-4 在题图 9-4 所示功率扩展电路中,已知 $T_1 \sim T_4$ 的饱和压降 $|U_{CES}| = 0.3$ V, $|U_{BE}| = 0.7$ V,试问:

① 电路可能达到的最大不失真输出功率约为多大?

② 在最大输出功率情况下,要求 U_i 幅度为多大?

③ 对 T_3、T_4 管的 I_{CM}、P_{CM}、$U_{(BR)CEO}$ 有何要求?

④ 若 R_5 短路或开路,分别可能导致什么结果?

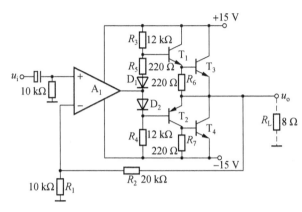

题图 9-4

【解】 该功率扩展电路的输出级类同于 OCL 功放输出级,所以有

① $P_{omax} = \frac{1}{2} U_{cem} \cdot I_{cm}$,其中 $U_{cem} \approx V_{CC} - U_{CES1} - U_{BE3} = 14$ V, $I_{cm} = U_{cem}/8 = 1.75$(A)

则 $$P_{omax} \approx \frac{1}{2} \times 14 \times 1.75 = 12.25 \text{(W)}$$

② 电路中引入了电压串联负反馈,电压放大倍数 $A_{uf} = \dfrac{U_o}{U_i} \approx 1 + R_2/R_1 = 3$

故 $$U_i = U_{cem}/A_{uf} = 14/3 = 4.7 \text{(V)}$$

③ T_3、T_4 管参数应满足:

$|U_{(BR)CEO}| > V_{CC} = 15$(V), $I_{CM} > U_{cem}/R_L = 14/8 = 1.75$(A), $P_{CM} > 0.2 P_{omax} = 2.45$(W)

④ 若 R_5 开路,T_1、T_2 的基极静态电流将达到

$$I_{B1} = -I_{B2} = \frac{30 \text{ V} - 3 \times 0.7 \text{ V}}{24 \text{ k}\Omega} = 1.16 \text{ mA}$$

由于基极电流过大,会导致 T_3、T_4 因过流而烧毁。若 R_5 短路,会导致输出级产生交越失真。

题 9-5 题图 9-5 中 T_1、T_2 的电流放大系数分别为 β_1、β_2,输入电阻分别为 r_{be1}、r_{be2},各三极管(均为硅管)的 U_{BE} 温度系数为 -2.2 mV/℃。试判断其中哪些是连接正确的复合管,并写出:

① 复合管的等效三极管符号及 β 与 β_1、β_2 的近似关系;

② 复合管的基—射电压温度系数；

③ 复合管的输入电阻表达式。

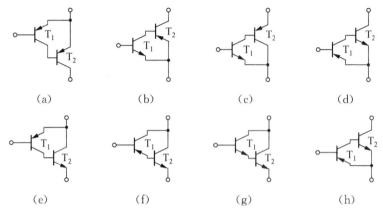

题图 9-5

【解】 图(a)等效为 PNP 管,$\beta \approx \beta_1\beta_2$,温度系数由 T_1 管决定为 -2.2 mV/℃,复合管输入阻抗 $r_{be}=r_{be1}$。

图(b)T_2 管 U_{BE2} 对 T_1 管钳位且 I_{C2} 电流方向错误,不能构成复合管。

图(c)连接正确,等效为 NPN 管,$\beta \approx \beta_1\beta_2$,温度系数由 T_1 决定为 -2.2 mV/℃,$r_{be}=r_{be1}$。

图(d)连接错误,不能构成复合管,原因同图(b)。

图(e)连接正确,等效为 PNP 管,$\beta \approx \beta_1\beta_2$,温度系数由 T_1 决定为 -2.2 mV/℃,$r_{be}=r_{be1}$。

图(f)连接错误,基极电流不畅通,不能构成复合管。

图(g)连接正确,等效为 NPN 管,$\beta \approx \beta_1\beta_2$,温度系数为单管的 2 倍即 -4.4 mV/℃,$r_{be}=r_{be1}+(1+\beta_1)r_{be2}$。

图(h)连接错误,不能构成复合管,原因同图(b)。

题 9-6 OCL 功放电路如题图 9-6 所示,T_1、T_2 的特性完全对称。试回答：

① 静态时,输出电压 U_O 应是多少？调整哪个电阻能满足这一要求？

② 动态时,若输出电压波形出现交越失真,应调整哪个电阻？如何调整？

③ 设 $V_{CC}=10$ V,$R_1=R_3=2$ kΩ,晶体管的 $U_{BE}=0.7$ V,$\beta=50$,$P_{CM}=200$ mW,静态时 $U_O=0$,若 D_1、D_2 和 R_2 三个元件中任何一个开路,将会产生什么后果？

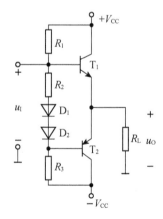

题图 9-6

【解】 ① 静态时 $U_O=0$ V,通过调节 R_2 使 $I_{C1}=I_{C2}$,从而保持 $U_O=0$ V。

② 动态时若输出电压波形产生交越失真,应调大 R_2 使交越失真消失。

③ 若 D_1、D_2 和 R_2 三个元件中任何一个开路,则 T_1、T_2 管的基极电流为:

$$I_{B1}=I_{B2}=\frac{2V_{CC}-2U_{BE}}{R_1+R_3}=\frac{20\text{ V}-1.4\text{ V}}{4\text{ k}\Omega}=4.65\text{ mA}$$

$$I_{C1}=I_{C2}=\beta I_{B1}=50\times 4.65=232.5(\text{mA})$$

因为 $\qquad P_{C1}=P_{C2}=V_{CC}\cdot I_{C1}=15\times 232.5=3\,487.5(\text{mW})$

可见 $\qquad P_{C1}=P_{C2}\gg P_{CM}=200\text{ mW}$

所以 T_1、T_2 将因热击穿而烧毁。

题 9-7 互补推挽式功放电路如题图 9-7 所示,设其最大不失真功率为 8.25 W,晶体管饱和压降及静态功耗可以忽略不计。

① V_{CC} 至少应取多大?
② T_2、T_3 管的 P_{CM} 至少应选多大?
③ 若输出波形出现交越失真,应调节哪个电阻?
④ 若输出波形出现一边有小的削峰失真,应调节哪个电阻来消除?

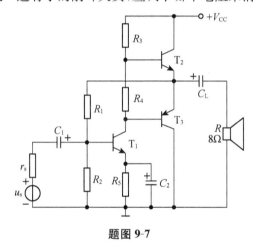

题图 9-7

【解】 ① 图示电路是一个单电源互补推挽 OTL 电路,T_1 为放大驱动级。忽略 U_{CES} 及静态功耗时

$$U_{omax}=V_{CC}/2,\ I_{omax}=U_{omax}/R_L$$

$$P_{omax}=\frac{U_{omax}}{\sqrt{2}}\cdot\frac{I_{omax}}{\sqrt{2}}=\frac{U_{omax}^2}{2R_L}=\frac{V_{CC}^2}{8R_L}$$

$$V_{CC}=\sqrt{8R_L P_{omax}}=\sqrt{8\times 8\times 8.25}\approx 23(\text{V})$$

取 $V_{CC}=24$ V。

② $\qquad P_{T1max}=P_{T2max}=0.2P_{omax}=0.2\times 8.25=1.65(\text{W})$

$$P_{CM}>1.65\text{ W}$$

③ 若输出波形出现交越失真,表明 T_2 和 T_3 管的 U_{BE} 偏低。可适当增大电阻 R_4,R_4 两端压降增大,T_2 和 T_3 管的 U_{BE} 值加大,从而消除交越失真。

④ 若输出波形出现一边有小的削峰失真,说明输出没有保证对称的动态范围,即 T_2 和 T_3 的发射极电位没有处于中点电位 $\dfrac{V_{CC}}{2}$。调节电阻 R_1(或 R_2),改变 T_1 管的工作点电流,使电阻 R_3 上的压降发生改变,以调整输出端的电位。一般保证 T_2 和 T_3 管的发射极静态电位为电源电压的一半(即中点电位),以保证输出达到最大动态范围。

题 9-8 功放电路如题图 9-8 所示,输入电压为正弦波信号。已知当输入信号幅度达到最大时,T_3、T_4 管的最小压降 $U_{CEmin}=2\text{ V}$。

① 求 T_3、T_4 承受的最大电压 U_{CEmax};
② 求 T_3、T_4 流过的最大集电极电流 I_{Cmax};
③ 求 T_3、T_4 每个管子的最大管耗 P_{Tmax};
④ 若 R_3、R_4 上的电压及 T_3、T_4 的最小管压降 U_{CEmin} 忽略不计,则 T_3、T_4 管的参数 $U_{(BR)CEO}$、I_{CM}、P_{CM} 应如何选择?

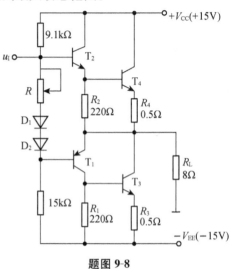

题图 9-8

【解】 ①② 由于 T_3 和 T_4 交替导通,当 T_4 中流过最大电流时,其两端压降最小,为饱和压降,T_3 截止承受最大反压,

$$I_{C4max}=\dfrac{V_{CC}-U_{CEmin}}{R_4+R_L}=\dfrac{15-2}{0.5+8}=1.53(\text{A})$$

$$U_{om}=V_{CC}-U_{CEmin}-I_{C4max}\cdot R_4=12.235(\text{V})$$

即对于 T_3 管

$$U_{CE3max}=U_{om}+V_{EE}=27.235(\text{V})$$

同理,当 T_3 导通、T_4 截止时,

$$U_{CE4max}=27.235(\text{V}),I_{C3max}=1.53(\text{A})$$

$$I_{Cmax}=1.53(\text{A})$$

③ 由乙类推挽功放电路效率分析得知,当 $U_{om}=\dfrac{2V_{CC}}{\pi}$ 时,推挽管的管耗最大,

$$P_{omax}=0.2\dfrac{V_{CC}^2}{R_L+R_4}=0.2\times\dfrac{15^2}{8+0.5}=5.3(\text{W})$$

(R_4 和 R_3 对于功耗的影响可以看作在负载上串联一个电阻)

④ 显然,如果忽略 R_3、R_4 的压降以及 U_{CEmin} 的值时

$$U_{(BR)CEO}>2V_{CC}=30(\text{V})$$

$$I_{CM}>\dfrac{V_{CC}}{R_L}=1.875(\text{A})$$

$$P_{CM}>0.2\dfrac{V_{CC}^2}{R_L}=5.625(\text{W})$$

题 9-9 电路如题图 9-9 所示。分析电路回答下列问题：

① T_4、R_5、R_6 在电路中起什么作用？

② 若要稳定电路的输出电压，应引入何种组态的反馈？在图上画出反馈支路。

③ 若要求当电路输入信号幅值 $U_{im}=140$ mV 时，负载 R_L 上有最大的不失真输出功率，则反馈支路中的元件应如何取值？设管子的饱和压降 $U_{CES}\approx 1$ V。

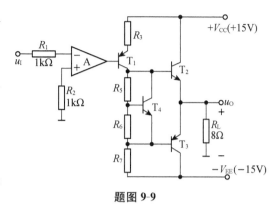

题图 9-9

【解】① T_4、R_5、R_6 形成 U_{BE} 倍增电路，取代二极管并给 T_2、T_3 提供偏置，从而消除交越失真。

② 由负反馈特性可知，要稳定输出电压，输出端必须引入电压负反馈，反馈支路必须接到输出 u_O 端；其次根据相位关系，因为 T_1 为共射组态放大电路，已经有倒相关系，所以反馈支路必须加到运放的同相输入端。所以 R_F 应跨接在输出端和 A 的同相输入端，形成电压串联负反馈。

③ 管子饱和压降为 1 V，决定输出最大幅度为 $U_{om}=V_{CC}-U_{CES}=14$ V，根据反馈原理，有

$$A=\frac{U_{om}}{U_{im}}=\frac{14\times 10^3}{140}=100$$

$$A=\frac{1}{F}=1+\frac{R_F}{R_2}$$

$$R_F=(A-1)R_2=99(\text{k}\Omega)$$

题 9-10 功率扩展电路及元件参数如题图 9-10 所示，设 T_1、T_2 的饱和压降 $U_{CES}\approx 1$ V。试回答：

① 指出电路中的反馈通路，并判断反馈为何种组态。

② 估算电路在深度反馈时的闭环电压放大倍数。

③ 当 u_I 的幅值 U_{im} 为多大时，R_L 上有最大不失真输出功率？并求该最大不失真功率。

④ T_1、T_2 管的参数 $U_{(BR)CEO}$、I_{CM}、P_{CM} 应如何选择？

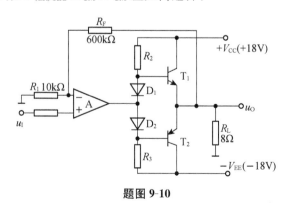

题图 9-10

【解】 ① 输出经过 R_F 和 R_1 构成了反馈通路，为电压串联负反馈。

②
$$F=\frac{R_1}{R_1+R_F}$$

$$A_{uf}=\frac{1}{F}=1+\frac{R_F}{R_1}=1+\frac{600}{10}=61$$

③ 由功放电路特性可知

$$U_{om}=V_{CC}-U_{CES}=17(\text{V}),\ I_{om}=U_{om}/R_L$$

$$P_{omax}=\frac{U_{om}}{\sqrt{2}}\cdot\frac{I_{om}}{\sqrt{2}}=\frac{U_{om}^2}{2R_L}=\frac{17^2}{2\times 8}\approx 18(\text{W})$$

$$A_{uf}=\frac{u_O}{u_I}=\frac{U_{om}}{U_{im}}$$

$$U_{im}=\frac{U_{om}}{A_{uf}}=\frac{V_{CC}-U_{CES}}{A_{uf}}=\frac{17}{61}\approx 0.28(\text{V})$$

④
$$U_{(BR)CEO}\geqslant V_{CC}+(V_{CC}-U_{CES})=35\ \text{V}$$

或者
$$U_{(BR)CEO}\geqslant 2V_{CC}=36\ \text{V}$$

$$I_{CM}\geqslant I_{om}=\frac{U_{om}}{R_L}=\frac{17}{8}=2.13\ \text{A}$$

$$P_{CM}\geqslant P_{T1max}=\frac{1}{\pi^2}\cdot\frac{V_{CC}^2}{R_L}\approx 0.1\frac{V_{CC}^2}{R_L}=0.1\times\frac{18^2}{8}=4.05(\text{W})$$

题 9-11 OCL 互补电路及元件参数如题图 9-11 所示，设 T_4、T_5 的饱和压降 $U_{CES}\approx 1\ \text{V}$。试回答：

① 指出电路中的级间反馈通路，并判断反馈为何种组态。

② 若 $R_F=100\ \text{k}\Omega$，$R_{B2}=2\ \text{k}\Omega$，估算电路在深度反馈时的闭环电压放大倍数。

③ 求电路的最大不失真输出功率。

④ 在条件同②的情况下，当负载 R_L 上获得最大不失真输出功率时，输入电压 u_I 的有效值约为多大？

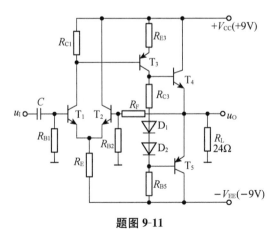

题图 **9-11**

【解】① 题图 9-11 电路中,由 R_F,R_{B2} 引入了电压串联负反馈。

② 闭环电压放大倍数为:$A_{uf} = \dfrac{u_O}{u_I} = 1 + \dfrac{R_F}{R_{B2}} = 51$。

③ 最大不失真输出功率为 $P_{omax} = \dfrac{1}{2} \cdot \dfrac{U_{cem}^2}{R_L}$,其中 $U_{cem} = V_{CC} - U_{CES} = 8$ V,

则 $$P_{omax} = \dfrac{1}{2} \times \dfrac{8^2}{24} = 1.33(W)$$

④ 输出最大功率时 $U_{om} = U_{cem} = 8$ V,$u_I = U_{om}/A_{uf} = 8/51 = 0.157(V) = 157$ mV(幅值)
故有效值:$U_I = u_I/\sqrt{2} = 111$ mV。

题图 9-12 OCL 功率放大器如题图 9-12 所示。

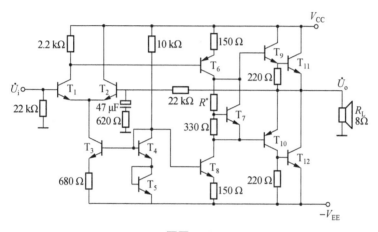

题图 9-12

① 晶体管 $T_1 \sim T_{12}$ 各起什么作用?R^* 起什么作用?
② $\dot{U}_o$ 和 $\dot{U}_i$ 的相位关系是什么?电压放大倍数多大?
③ V_{CC} 和 V_{EE} 如果由 18 V 变到 15 V,各级静态工作电流有无大的变化?为什么?
④ 如果 V_{CC} 和 V_{EE} 为 15 V,T_{11} 和 T_{12} 的饱和压降考虑为 1.5 V,估算输出功率的最大值。
⑤ 这个电路有无自激振荡的可能,如有应如何处理(画在电路上,但不必计算)?

【解】① 题图 9-12 电路中 T_3、T_4、T_5、T_8 管组成电流源偏置电路,为输入级及中间级放大电路提供直流偏置电流。

T_1、T_2 组成输入级差动放大电路,T_6 与 T_8 电流源有源负载组成中间级共发射极组态的电压放大电路。

T_7 组成 U_{BE} 扩大器电路,为 T_9、T_{11} 及 T_{10}、T_{12} 组成的互补对称输出级提供偏置电压,其中调整电阻 R^* 的阻值可调节输出级的静态电流,使静态时的 $U_o = 0$ V 并防止产生输出波形的交越失真、降低静态时输出级功耗、提高功放的效率。

② 电路中引入了级间电压串联负反馈,$\dot{U}_o$ 和 $\dot{U}_i$ 同相位,且 $A_{uf} = \dot{U}_o/\dot{U}_i = 1 + \dfrac{22}{0.62} =$

36.5。

③ 电源电压 V_{CC} 及 V_{EE} 由 18 V 变为 15 V 时,各级静态工作电流将保持基本不变,原因是 V_{CC}、V_{EE} 改变时,由电流源提供的输入级、中间级偏置电流及由 T_7 管提供的输出级偏置电压均保持不变。

④ $$P_{omax}=\frac{1}{2} \cdot \frac{U_{om}^2}{R_L}=\frac{1}{2} \times \frac{(15-1.5)^2}{8}=11.4(W)$$

⑤ 该电路由三级放大器组成,包含三个极点,理论上产生的附加相移有可能达到 180°,所以有产生自激振荡的可能。可采用的补偿措施是第二级及输出级间(高阻抗点)插入 C 或 RC 串联支路作频率补偿(T_{10} 管基极接地)。

题图 9-13 由集成功率放大器 5G31 构建的 OTL 功放简化电路原理如题图 9-13 所示。
① 试分析并说明集成芯片各外接端点所接元件的作用。
② $\dot{U}_o$ 和 $\dot{U}_s$ 的相位关系是什么?电压放大倍数多大?
③ 若芯片引脚 10 外加电源电压为 $V_{CC}=30$ V,试问输出电容 C_o 的耐压值应选多大?
④ 在上述条件下估算电路的最大不失真输出功率和最大输出级管耗各为多少?

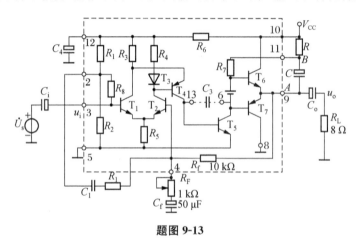

题图 9-13

【解】 ① R_1、C_1 支路用于提高 T_1 管基极分压式偏置电路的输入电阻。R_F、C_f 支路与内部电阻 R_f 一起引入电压串联负反馈,使整个功放电路的 $A_{uf}=1+R_f/R_F$。R、C 支路是输出自举电路,用于提高输出电压正半波的幅值,从而提高功放的最大不失真输出功率。C_i、C_o 是输入、输出端耦合电容。C_4 与 R_6 一起组成低通滤波器滤除电源电压中的高频噪声。

② $\dot{U}_o$ 与 $\dot{U}_s$ 同相,电压放大倍数 $A_{uf}=1+R_f/R_F=11$。

③ 若 $V_{CC}=30$ V,则电容 C_o 的耐压值应大于 30 V,原因是自举电路使 T_6 管基极电压动态值会高于 V_{CC}。

④ 最大不失真输出功率为:

$$P_{\text{omax}} = \frac{1}{2} \cdot \frac{\left(\frac{1}{2}V_{\text{CC}}\right)^2}{R_L} = \frac{1}{8} \times \frac{V_{\text{CC}}^2}{R_L} = 14(\text{W})$$

最大输出级管耗 $P_{\text{CM}} > 0.2 P_{\text{omax}} = 2.8$ W。

题 9-14 整流电路如题图 9-14 所示，图中已标出变压器副边绕组电压有效值。

① 试估算负载 R_{L1}、R_{L2} 上直流电压平均值 $U_{O1(\text{AV})}$、$U_{O2(\text{AV})}$；

② 若 $R_{L1}=R_{L2}=100$ Ω，试确定二极管 $D_1 \sim D_3$ 正向平均电流 I_F 和反向耐压 U_R 值。

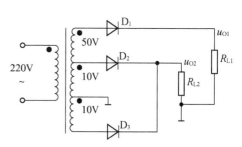

题图 9-14

【解】 ① $U_{O1(\text{AV})} = \frac{1}{2\pi} \int_0^\pi \sqrt{2} \times 50 \sin\omega t \, d\omega t = \frac{\sqrt{2} \times 50}{\pi} = 0.45 \times 50 = 22.5(\text{V})$

$U_{O2(\text{AV})} = \frac{1}{\pi} \int_0^\pi \sqrt{2} \times 10 \sin\omega t \, d\omega t = \frac{2\sqrt{2}}{\pi} \times 10 = 0.90 \times 10 = 9.0(\text{V})$

② $I_{F1} = U_{O1(\text{AV})}/R_{L1} = 22.5 \text{ V}/100 \text{ Ω} = 225$ mA，D_1 的反向耐压为 $U_{R1} \geqslant \sqrt{2} \times 50 = 70.7$ V。

$I_{F2} = I_{F3} = U_{O2(\text{AV})}/R_{L2} = 9.0 \text{ V}/100 \text{ Ω} = 90$ mA，D_2、D_3 的反向耐压为 $U_{R2} = U_{R3} \geqslant 2 \times \sqrt{2} \times 10 = 28.3$ V。

题 9-15 电路如题图 9-15 所示，若 $U_{21} = U_{22} = 20$ V。试回答下列问题：

① 标出 u_{O1} 和 u_{O2} 对地的极性，u_{O1} 和 u_{O2} 中的平均值各为多大？

② u_{O1} 和 u_{O2} 的波形是全波整流还是半波整流？

③ 若 $U_{21} = 18$ V，$U_{22} = 22$ V，画出 u_{O1} 和 u_{O2} 的波形，并计算出 u_{O1} 和 u_{O2} 的平均值。

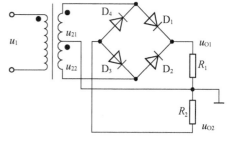

题图 9-15

【解】 ① 当变压器次级为正半周时（上端电位高于下端电位），D_1 与 D_3 导通，电流流向

$$D_1 \to R_1, R_2 \to D_3, u_{O1} = +u_{21}, u_{O2} = -u_{22}$$

同理，当变压器次级为负半周时（上端电位低于下端电位），D_2 与 D_4 导通，电流流向

$$D_2 \to R_1, R_2 \to D_4, u_{O1} = +u_{22}, u_{O2} = -u_{21}$$

在整个周期内，u_{O1} 的电压始终对地为正，而 u_{O2} 的对地电压始终为负，实现了正、负电源的目的。

当 $U_{21} = U_{22} = 20$ V 时，有

$$U_{O1} = 0.9 \times 20 = 18(\text{V}), U_{O2} = -0.9 \times 20 = -18(\text{V})$$

② 由上述分析可知，该整流波形为全波整流。

③ 当 U_{21}、U_{22} 不相等时，在 u_{O1}、u_{O2} 上得到波形前后半周不相同，如下图所示，可以当作两个半波整流的叠加。

$$U_{O1}=0.45(U_{21}+U_{22})=18\text{ V}$$

$$U_{O2}=-0.45(U_{21}+U_{22})=-18\text{ V}$$

得到的整流波形如下（可以当作两个半波整流的叠加）：

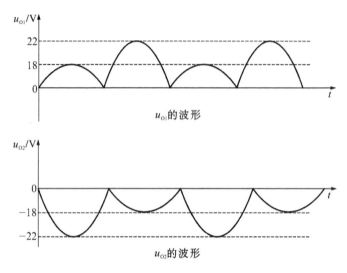

题 9-16 具有整流滤波和放大环节的稳压电路如题图 9-16 所示。

① 分析电路中各个元件的作用，从反馈放大电路的角度来看哪个是输入量？T_1、T_2 各起什么作用？反馈是如何形成的？

② 若 $U_P=24$ V，稳压管 $U_Z=5.3$ V，晶体管 $U_{BE}\approx 0.7$ V，$U_{CES}\approx 2$ V，$R_1=R_2=R_W=300$ Ω，试计算 U_O 的可调范围；

③ 试计算变压器次级绕组的电压有效值大约是多少？

④ 若 R_1 改为 600 Ω，调节 R_W 时能输出的 U_O 最大值是多少？

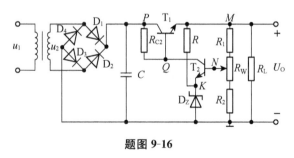

题图 9-16

【解】 ① 该电路是典型的线性稳压电路。

交流电源电压经变压器降压后，由 $D_1\sim D_4$ 构成的桥式整流电路进行整流，得到单向脉动分量。

由电容 C 构成电源滤波电路，滤除谐波分量，维持整流后的脉动分量中的平均值。该平均分量为线性稳压电路的输入电压。

R 和 D_Z 构成简单的稳压管稳压电路,给误差比较放大管 T_2 提供一个稳定的参考电压。

将 N 点电压和参考电压经由 T_2 比较放大后,控制调整 T_1 管的压降,从而保证输出电压稳定。从反馈角度分析,可以将 K 点作为信号输入端,N 点作为信号反馈端。当某种因素使得输出电压变低,即 M 点电压下降时,u_N 下降。因为 u_K 不变,u_{NK} 变小,即 u_{BE} 变小,u_Q 上升,通过调整管使 u_M 上升,完成反馈作用。

R_1、R_2、R_W 构成取样电路,使得 N 点能反映输出电压值的变化。

② 设 R_W 的下半部分电阻为 R'_W

$$\begin{cases} U_N = \dfrac{R'_W + R_2}{R_1 + R_2 + R_W} U_O \\ U_N = U_Z + U_{BE} \end{cases}$$

$$U_O = \frac{R_1 + R_2 + R_W}{R'_W + R_2}(U_Z + U_{BE})$$

当滑动变阻器处于最上端时即 $R'_W = R_W$ 时

$$U_{Omin} = \frac{R_1 + R_2 + R_W}{R'_W + R_2}(U_Z + U_{BE}) = \frac{300 + 300 + 300}{300 + 300} \times (5.3 + 0.7) = \frac{3}{2} \times 6 = 9(\text{V})$$

当滑动变阻器处于最下端时即 $R'_W = 0$ 时

$$U_{Omax} = \frac{R_1 + R_2 + R_W}{R_2}(U_Z + U_{BE}) = \frac{300 + 300 + 300}{300} \times (5.3 + 0.7) = 3 \times 6 = 18(\text{V})$$

因为 $\qquad U_P = 24 \text{ V}, U_{CES} = 2 \text{ V}$

所以能保证在 $U_O = U_{Omax}$ 时,T_1 仍工作在线性区。

③ 由桥式整流和电容滤波电路特性可知

一般 $U_P = 1.1 \sim 1.2 U_2$。取 $U_P = 1.2 U_2$,则

$$U_2 = \frac{U_P}{1.2} = \frac{24}{1.2} = 20(\text{V})$$

④ 由上述分析可知,$R'_W = 0$,U_O 达到最大值

$$U_{Omax} = \frac{R_1 + R_2 + R_W}{R_2}(U_Z + U_{BE}) = \frac{600 + 300 + 300}{300} \times (5.3 + 0.7) = 24(\text{V})$$

而 $\qquad U_P = 24 \text{ V}, U_{CES} = 2 \text{ V}$

为了保证 T_1 工作在线性区,

$$U_{Omax} \leqslant U_P - U_{CES} = 22 \text{ V}$$

即 U_O 的最大值只能到 22 V,如果要达到输出最大值为 24 V,必须增大变压器次级绕组电压。

题 9-17 根据串联型稳压电路原理,试确定题图 9-17 中 R_2 调至最上端时,下列三种情况下 U_o 的大小(表达式):① R_1 短路;② R_3 开路;③ R_1 开路。

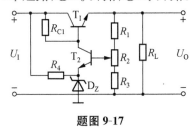

题图 9-17

【解】 ① R_1 短路:

$$U_O = U_Z + 0.7 \text{ V}$$

② R_3 开路:

$$U_O = U_Z + 0.7 \text{ V}$$

③ 若 R_1 开路,则 T_2 将截止,$I_{B1} \approx \dfrac{U_I - 0.7 \text{ V}}{R_{C1} + (1+\beta)R_L}$ 使 T_1 饱和,

$$U_O \approx U_I$$

题 9-18 由集成运放构成的串联型稳压电路如题图 9-18 所示。

① 运放的正、负电源端应如何连接?

② 标出运放的同相和反相输入端。

③ 当稳压管的 $U_Z = 6$ V,$U_I = 12$ V 时,估算输出电压 U_O 的调节范围。

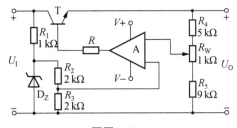

题图 9-18

【解】 ① 运放电源端连接如图示。

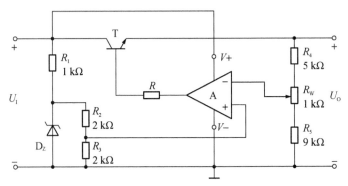

② 运放同、反相端如图所示。

③ R_W 调到最上端时:

$$U_Z \frac{R_3}{R_2 + R_3} = U_O \frac{R_W + R_5}{R_4 + R_W + R_5}$$

则

$$U_O = \frac{R_4 + R_W + R_5}{R_W + R_5} \cdot \frac{R_3}{R_2 + R_3} U_Z = 0.75 \times 6 = 4.5 \text{(V)}$$

R_W 调到最下端时：

$$U_O = \frac{R_4 + R_W + R_5}{R_5} \cdot \frac{R_3}{R_2 + R_3} U_Z = 0.833 \times 6 = 5(\text{V})$$

故 U_O 的调节范围为 4.5 V～5 V。

题 9-19 串联型稳压电路如题图 9-19 所示。

① 该电路中有几处错误，试指出并加以改正。

② 说明 T_5 管起何作用，对稳压电路性能有何影响？

③ 当稳压管的 $U_Z = 4.5$ V，R_W 置中点位置时，计算 A、B、C、D、E、F 各点电位。

④ 求输出电压的调节范围。

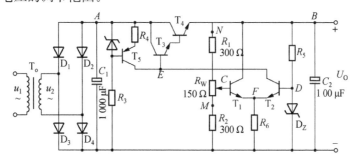

题图 9-19

【解】 ① 电路中有 4 处错误，改正如下图：

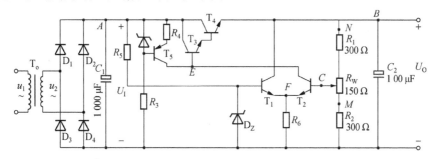

② T_5 管用作 T_2 管的集电极有源负载，使 T_1、T_2 差动放大器的电压放大倍数增大，进而使电压负反馈系统的环路增益增大，使输出电压 U_O 更稳定。

③ $U_A = 1.2 U_2$，$U_B = U_Z \cdot \dfrac{R_1 + R_2 + R_W}{R_2 + \frac{1}{2} R_W} = 4.5 \times 2 = 9$ V，$U_C = U_Z = 4.5$ V，$U_O = 4.5$ V

$$U_E = U_B + 2 U_{BE} = 10.4 \text{ V}, \quad U_F = U_Z - U_{BE2} = 3.8 \text{ V}$$

④ R_W 调到最上端时：$U_O = \dfrac{750}{450} \times 4.5 = 7.5(\text{V})$

R_W 调到最下端时：$U_O = \dfrac{750}{300} \times 4.5 = 11.25(\text{V})$

所以 U_O 的调节范围为 7.5 V～11.25 V。

题 9-20 在上题中的错误改正后,试问:
① 若电路中的 M 点断开,输出电压将为何值?
② 若电路中 N 点断开,输出电压又将为何值?

【解】 ① 若 M 点断开,$U_O \approx U_Z$。
② 若 N 点断开,T_2 将截止,I_{C5} 全部流入 T_3 使 T_3、T_4 管饱和,$U_O = U_I - 0.3\text{ V} \approx U_I$。

题 9-21 在题图 9-21 所示的电路中:
① 辅助电源 E_C 起何作用?若将 E_C 短接,电路能否正常工作?
② 设 $U_{BE2} = 0.7\text{ V}$,估算输出电压的调节范围。
③ 如 T_1 的 $\beta_1 = 50$,$U_{BE1} = 0.7\text{ V}$,求能稳压的最大输出电流 I_{E1}。
④ 设 $U_I = 24\text{ V}$,试论证 T_1 是否能符合调整电压的要求。当 $I_{E1} = 50\text{ mA}$ 时,T_1 的最大耗散功率 $P_{C\max}$ 出现在 R_W 滑动端什么位置上,它的数值是多少?

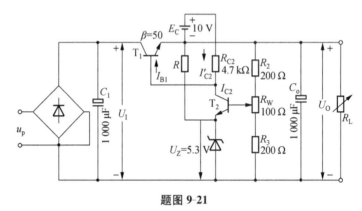

题图 9-21

【解】 ① 辅助电源 E_C 的作用是保证调整管 T_1 管的基极电位高于输出电压 U_O。若 E_C 短路,调整管 T_1 将因发射结电压反偏而截止,不能正常工作。

② R_W 调至最上端时:

$$U_O = \frac{R_2 + R_W + R_3}{R_W + R_3}(U_Z + U_{BE2}) = \frac{500}{300} \times (5.3 + 0.7) = 10\text{(V)}$$

R_W 调至最下端时:

$$U_O = \frac{R_2 + R_W + R_3}{R_3}(U_Z + U_{BE2}) = \frac{500}{200} \times (5.3 + 0.7) = 15\text{(V)}$$

故 U_O 的调节范围为 10 V~15 V。

③ $I_{B1} = I'_{C2} - I_{C2} = \dfrac{E_C - U_{BE1}}{R_{C2}} - I_{C2} = 1.98\text{ mA} - I_{C2}$,当 I_{C2} 接近等于 0 时 I_{B1} 达可能的最大值,

$$I_{B1\max} = I'_{C2} = 1.98\text{ mA}$$

所以
$$I_{E1\max} = (1+\beta)I_{B1\max} = 51 \times 1.98\text{ mA} = 101\text{ mA}$$

所以能够稳压的 T_1 管最大输出电流 I_{E1} 约等于 100 mA。

④ 根据 $U_I=U_{Omax}+(3\sim 8\text{ V})$,已知 $U_I=24$ V 时,$U_{Omax}=15$ V,则 $U_I-U_{Omax}=9\text{ V}>8\text{ V}$,所以 U_I 偏大,不符合调整电压的要求。

当 $I_{E1}=50$ mA 时,T_1 的最大耗散功率 P_{Cmax} 发生在 U_I 最高、U_O 最低的场合,此时对应的 R_W 滑动端处于最上端,T_1 的最大耗散功率为:

$$P_{Cmax}=(U_{Imax}-U_{Omin})\cdot I_{E1}=(24-10)\times 0.05=0.7(\text{W})$$

题 9-22 三端稳压器 W7815 组成如题图 9-22 所示电路,已知 W7815 的 $I_{Omax}=1.5$ A, $U_O=15$ V,$U_{Imax}\leqslant 40$ V,$U_Z=+5$ V,$I_{Zmax}=60$ mA,$I_{Zmin}=10$ mA。

① 要使 $u_1=30$ V,求副边电压有效值 $U_2=$?;
② 试计算限流电阻 R 的取值范围;
③ 试计算输出电压 U_O 的调整范围;
④ 试计算三端稳压器上的最大功耗 P_{CM}。

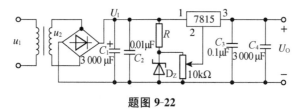

题图 9-22

【解】 ① 由桥式整流,电容滤波的特性可得:$U_I=1.2U_2$,得到 $U_2=\dfrac{U_I}{1.2}=\dfrac{30}{1.2}=25(\text{V})$。

② 如忽略电位器中流过的电流,当 U_I 达到最大值 40 V 时,选择电阻 R_{min},使稳压管中流过的电流不得超过 I_{Zmax},故

$$R_{min}=\dfrac{U_{Imax}-U_Z}{I_{Zmax}}=\dfrac{40-5}{60}=0.58(\text{k}\Omega)$$

为了保证 W7815 能正常工作,其输入端电压要高出输出电压 2~3 V,设 U_I 最小值为 17 V,合理选择电阻 R_{max},使稳压管中流过的电流不小于 I_{Zmin},故

$$R_{max}=\dfrac{U_{Imin}-U_Z}{I_{Zmin}}=\dfrac{17-5}{10}=1.2(\text{k}\Omega)$$

则有 $\quad\quad\quad\quad\quad\quad 0.58\text{ k}\Omega\leqslant R\leqslant 1.2\text{ k}\Omega$

③ 滑动变阻器的上下变动,使得 W7815 的脚 2 在 0~5 V 上变动,形成输出可调范围 15~20 V。

④ 取 U_I 为输入最大值 40 V,滑动变阻器移至最下端,$U_O=15$ V,从而得到

$$P_{CM}=(U_{Imax}-U_{Omin})I_{CM}=(40-15)\times 1.5=37.5(\text{W})$$

题 9-23 在下面几种情况下应选什么型号的三端固定式输出集成稳压器。

① $U_O=+12$ V,$R_{Lmin}=15\ \Omega$;
② $U_O=+6$ V,$I_{Omax}=300$ mA;
③ $U_O=-15$ V,输出电流 I_O 的范围为 10~20 mA。

【解】 选用三端固定式集成稳压器,除了要使输出电压值与要求一致外,还需要注意输出电流的大小,正常情况下,78、79 系列三端固定式集成稳压器的 $I_{Omax}=1.5$ A,78M、79M 和 78L、79L 系列三端固定式集成稳压器的最大输出电流分别为 1 A 和 500 mA。

① $U_O=+12$ V,$I_{Omax}=\dfrac{U_O}{R_{Lmin}}=\dfrac{12}{15}=0.8$(A),可选用 7812 或 78M12。

② $U_O=+6$ V,$I_{Omax}=300$ mA,可选用 78M06 或 78L06。

③ $U_O=-15$ V,I_O 的范围 10～20 mA 可选用 79L15。

题 9-24 稳压电路如题图 9-24 所示。已知三端集成稳压器 7805 的静态电流 $I_3=8$ mA,晶体管 T 的 $\beta=50$,输入电压 $U_I=16$ V,求输出电压 U_O 是多少伏?

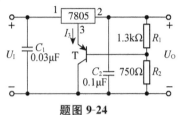

题图 9-24

【解】 7805 的 2、3 脚电压差固定为 5 V。

$$U_{R1}=U_{32}-U_{BE}=5.3 \text{ V}(U_{32} \text{ 为 7805 的 2、3 脚电压差},U_{BE} \text{ 取}-0.3 \text{ V})$$

从而

$$U_O=U_{R1}+\left(\dfrac{I_3}{\beta}+\dfrac{U_{R1}}{R_1}\right)R_2=5.3+\left(\dfrac{8}{50}+\dfrac{5.3}{1.3}\right)\times 0.75=8.48(\text{V})$$

题 9-25 指出题图 9-25 所示电路哪些能正常工作,哪些有错误。请在原图的基础上改正过来。

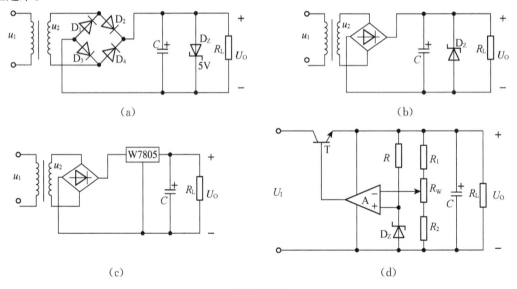

题图 9-25

【解】 (a) D_Z 接反了,且要在 D_Z 和 C 之间加限流电阻。

(b) C 与 D_Z 之间应该接一个限流电阻,起到限流作用,保证 D_Z 正常工作。

(c) 7805 之前缺滤波电容 C。

(d) 运放 A 的极性反了。

修改后电路如下图所示。

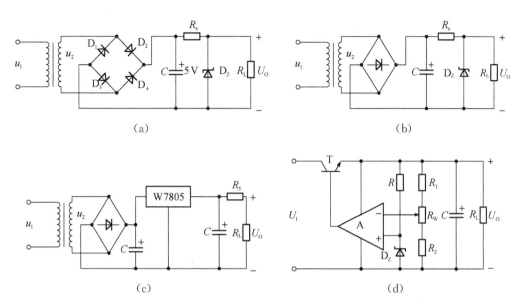

(a)   (b)   (c)   (d)

题 9-26 试说明开关型稳压电路的特点,在下列各种情况下,试问应分别采用何种稳压电路(线性稳压电路还是开关型稳压电路)?

① 希望稳压电路的效率比较高;
② 希望输出电压的纹波和噪声尽量小;
③ 希望稳压电路的重量轻、体积小;
④ 希望稳压电路的结构尽量简单,使用的元件个数少,调试方便。

【解】 开关型稳压电路效率高、功耗小,但是结构复杂、噪声和波纹较大;而线性稳压电路则恰恰相反,依据上述特点,按要求应分别选用:

① 开关型稳压电路;
② 线性稳压电路;
③ 开关型稳压电路;
④ 线性稳压电路,特别可选用三端式稳压电路。

题 9-27 开关型直流稳压电路的简化电路及各点波形如题图 9-27 所示。调整管 T_a 的基极电压 u_b 为矩形波,其占空比为 $\delta=0.4$,周期 $T=60~\mu s$,T_a 的饱和压降 $U_{CES}=1~V$,穿透电流 $I_{CEO}=1~mA$,波形的上升时间 t_r 与下降时间 t_f 相等,$t_r=t_f=2~\mu s$。续流二极管正向压降 $U_D=0.5~V$,输出电压 $U_O=12~V$,输出电流 $I_O=1~A$。开关型稳压电路的输入电压 $U_I=20~V$。

① 试求开关管 T_a 的平均功耗;
② 若开关频率(基极脉冲频率)提高一倍(δ 不变),开关管的平均功耗为多少?
③ 如果续流二极管存储时间 t_s 很短,反向电流很小,且假定滤波元件 L 的电感、C 的电容足够大,试计算该开关电源的效率 η。

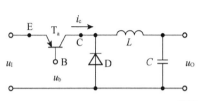
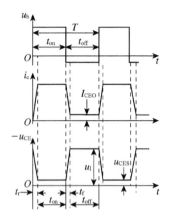

题图 9-27

【解】 ①
$$t_{on}=\delta T=0.4\times 60=24(\mu s)$$
$$t_{off}=T-t_{on}=60-24=36(\mu s)$$

由于 T_a 存在开关时间，其饱和导通和截止的时间分别为
$$t'_{on}=t_{on}-t_r=24-2=22(\mu s)$$
$$t'_{off}=t_{off}-t_f=36-2=34(\mu s)$$

从图中可以看出，开关管的平均功耗包括导通功耗、截止时功耗及开关转换期间的功耗三部分。

设导通时三极管中的电流为 I_{cm}。由图可得
$$I_{cm}=\frac{I_o}{t_{on}/T}=\frac{I_o}{\delta}=\frac{1}{0.4}=2.5(A)$$

导通时：
$$W_{on}=I_{cm}U_{CES}\cdot t'_{on}=2.5\times 1\times 22\times 10^{-6}=55\times 10^{-6}(J)$$

截止时：
$$W_{off}=U_I\cdot I_{CEO}\cdot t'_{off}=20\times 1\times 10^{-3}\times 34\times 10^{-6}=0.68\times 10^{-6}(J)$$

转换期：
$$W_r=W_f=\int_0^{t_r}i_C u_{CE}dt=\int_0^{t_r}\left(\frac{I_{cm}}{t_r}t\right)\left(-\frac{U_I}{t_r}t+U_I\right)dt$$
$$=\int_0^{t_r}\left(-\frac{I_{cm}U_I}{t_r^2}t^2+\frac{I_{cm}U_I}{t_r}t\right)dt$$
$$=\frac{1}{6}I_{cm}\cdot U_I\cdot t_r=\frac{1}{6}\times 2.5\times 20\times 2\times 10^{-6}=16.7\times 10^{-6}\ J$$

开关管平均功耗为
$$P_T=\frac{1}{T}(W_{on}+W_{off}+2W_r)=\frac{1}{60\times 10^{-6}}(55+0.68+2\times 16.7)\times 10^{-6}=1.48(W)$$

② 如果开关管工作频率增加一倍，即 $T=30\ \mu s$

则 $t_{on}=0.4\times30=12(\mu s)$

$t_{off}=30-12=18(\mu s)$

对应： $t'_{on}=12-2=10(\mu s)$

$t'_{off}=18-2=16(\mu s)$

同理可得：

$$P_T=\frac{1}{T}(W_{on}+W_{off}+2W_r)$$

$$=\frac{1}{T}\left(I_{cm}U_{CES}\cdot t'_{on}+U_I\cdot I_{CEO}\cdot t'_{off}+2\times\frac{1}{6}I_{cm}\cdot U_I\cdot t_r\right)$$

$$=\frac{1}{30\times10^{-6}}\left(2.5\times1\times10\times10^{-6}+20\times1\times10^{-3}\times16\times10^{-6}+2\times\frac{1}{6}\times2.5\times20\times2\times10^{-6}\right)$$

$$=\frac{1}{30\times10^{-6}}(25+0.32+33.3)\times10^{-6}=1.95(W)$$

开关频率提高,开关管管耗加大。

③ 续流二极管正向导通时存在功耗

$$P_D=U_D\cdot I_D\cdot\frac{t_{off}}{T}=0.5\times1\times\frac{36}{60}=0.3(W)$$

$$P_O=U_O\cdot I_O=12\times1=12(W)$$

总功率 $P=P_O+P_D+P_T=12+0.3+1.48=13.8(W)$

$$\eta=\frac{P_O}{P}=\frac{12}{13.8}=87\%$$

题 9-28 在题图 9-28(a)所示的自激式开关型直流稳压电路组成方框图中,若因某种原因,输出电压 U_O 增大,试分析其调节过程。

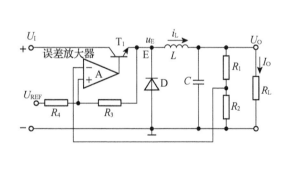
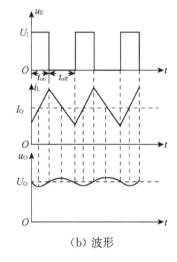

(a) 组成方框图　　　　　　　　　　　(b) 波形

题图 9-28

【分析】 A 构成施密特比较器,其输出控制调整管 T_1 的状态。

因为
$$U_- = \frac{R_2}{R_1+R_2}U_O$$

$$U_+ = \frac{R_3}{R_3+R_4}U_{REF} + \frac{R_4}{R_3+R_4}U_E$$

如果 $U_+ > U_-$，A 输出高电平，使 T_1 饱和导通，$U_E \approx U_I$。

所以
$$U'_+ = \frac{R_3}{R_3+R_4}U_{REF} + \frac{R_4}{R_3+R_4}U_I$$

此时二极管 D 因反偏而截止，输入电压 U_I 通过电感 L 对电容 C 和负载 R_L 供电，输出电压 U_O 随电容的充电而逐渐上升。同时 U_- 也在上升，当 $U_- > U_+$ 时，比较器 A 翻转，输出低电平而使 T_1 由饱和导通变为截止，变化的电流在电感 L 两端形成反电势而使 D 导通，使 L 中的电流形成通路，D 也称为续流二极管。D 导通使 $U_E \approx 0$。对应的 $U''_+ = \frac{R_3}{R_3+R_4}U_{REF}$，电容 C 通过 R_C 放电而使输出电压逐渐下降，U_- 也随之变小，当 $U_- < U''_+$ 时，A 再次翻转，T_1 又导通，输出电压又开始上升，如此周而复始往复。

如满足 $R_4 \ll R_3$，可得 $U_O \approx \left(1 + \frac{R_1}{R_2}\right)U_R$。

【解】 U_O 增大，将导致电压 U_- 增大，比较器 A 的反相端电位上升，使得 T_1 截止时间变长，从而使占空比减小，使得 U_O 减小，输出稳定。

题 9-29 直流稳压电路的原理如题图 9-29 所示。试问：

① 这是什么类型的稳压电路？并指出 T_1、T_2 及 T_3、D_1、D_Z 各起什么作用。

② 分析并指出 R_5 支路、R_W 支路分别引进了什么性质的反馈，起何作用。

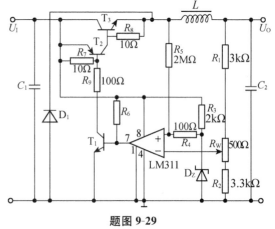

题图 9-29

【解】 ① 题图 9-29 电路是自激型开关直流稳压电路，T_1 与 LM311 比较器一起构成开关管 T_2、T_3 的控制电路，当比较器输出低电平时 T_1 截止，切断 T_2 管基极电流 I_{B2}，使 T_2 截止，T_2 截止又切断 T_3 管的基极电流 I_{B3}，使 T_3 管截止。反之比较器 LM311 输出高电平时 T_1 管导通，使 T_2、T_3 管导通。二极管 D_1 是续流二极管，在开关管 T_2、T_3 截止时为电感 L 续流。D_Z 提供比较器的输入端基准电压 U_Z。

② R_5 接到比较器同相输入端引入电压正反馈，加速开关管通、断速度，调整 R_5 的大小可影响开关管的工作频率。R_W 支路是输出电压采样电路，引入的是电压负反馈，使整体电路形成电压负反馈闭环调节系统。

参考文献

[1] 刘京南. 电子电路教程[M]. 南京：东南大学出版社，2023.
[2] 刘京南. 电子电路基础[M]. 北京：电子工业出版社，2003.
[3] 童诗白，何金茂. 电子技术基础试题汇编[M]. 北京：高等教育出版社，1992.
[4] 堵国樑，朱为. 电子电路基础学习指导[M]. 南京：东南大学出版社，2007.
[5] 稲葉保. 精選アナログ実用回路集[M]. 東京：CQ出版株式會社，1992.